● 電子・通信工学 ●
EKR-19

アナログ電子回路入門

髙木茂孝

数理工学社

編者のことば

　我が国の基幹技術の一つにエレクトロニクスやネットワークを中心とした電子通信技術がある．この広範な技術分野における進展は世界中いたるところで絶え間なく進められており，またそれらの技術は日々利用しているPCや携帯電話，インターネットなどを中核的に支えている技術であり，それらを通じて我々の社会構造そのものが大きく変わろうとしている．

　そしてダイナミックに発展を遂げている電子通信技術を，これからの若い世代の学生諸君やさらには研究者，技術者に伝えそして次世代の人材を育てていくためには時代に即応し現代的視点から，体系立てて構成されたライブラリというものの存在が不可欠である．

　そこで今回我々はこうした観点から新たなライブラリを刊行することにした．まず全体をI. 基礎とII. 基幹とIII. 応用とから構成することにした．

　I. 基礎では電気系諸技術の基礎となる，電気回路と電磁気学，さらにはそこで用いられる数学的手法を取り上げた．

　次にII. 基幹では計測，制御，信号処理，論理回路，通信理論，物性，材料などを掘り下げることにした．

　最後にIII. 応用では集積回路，光伝送，電力システム，ネットワーク，音響，暗号などの最新の様々な話題と技術を噛み砕いて平易に説明することを試みている．

　これからも電子通信工学技術は我々に夢と希望を与え続けてくれるはずである．我々はこの魅力的で重要な技術分野の適切な道標に，本ライブラリが必ずなってくれると固く信じてやまない．

　2011年3月

編者　荒木純道
　　　國枝博昭

「電子・通信工学」書目一覧

I. 基礎

1 電気電子基礎
2 電磁気学
3 電気回路通論
4 フーリエ解析とラプラス変換

II. 基幹

5 回路とシステム論
6 電気電子計測
7 論理回路
8 通信理論
9 信号処理
10 ディジタル通信の基礎
11 自動制御
12 電子量子力学
13 電気電子物性工学
14 電気電子材料

III. 応用

15 パワーエレクトロニクス
16 電力システム工学
17 光伝送工学
18 電磁波工学入門
19 アナログ電子回路入門
20 ディジタル集積回路
21 音響振動
22 暗号理論
23 ネットワーク工学

まえがき

　アナログ電子回路を学ぶためには，回路理論やトランジスタに関する知識の習得など，基礎からの積み重ねが極めて重要であることは言うまでもない．一方で，「信号を増幅する」という魅力的な事柄や結果に即座に飛びつきたくなる気持ちも理解できる．信号の増幅とは，一見するとエネルギー保存則に反する摩訶不思議な現象であるので，初学者にとって，どのように信号を増幅するのかということを不思議に思うのは当然のことである．そこで，本書はアナログ電子回路の初学者を対象とし，できるだけ早い段階で信号の増幅という摩訶不思議な現象の種明かしをし，読者の興味が失せてしまわないように心がけて執筆したアナログ電子回路の教科書である．本書では，この種明かしを出発点として，トランジスタの特性や増幅との関わり，増幅回路の構成について段階的に学習できるように執筆されている．回路理論を学習した読者は，第2章の種明かしから本書を読み進めることをお勧めする．さらに，本書では，「信号の増幅」の次なる段階を学習するために，フィルタやPLLと呼ばれる信号処理回路の構成についても述べている．

　次に，本書における注意点について述べておく．まず，アナログ電子回路には常識的な素子値があり，値によって同じ種類の素子でも開放と近似したり，短絡と近似したりすることがある．本書においても，常識的な範囲内になるように素子値を選んでいる．さらに，素子値の精度も重要である．アナログ電子回路では，目安として10%程度の誤差を許容して，回路の主たる特性が暗算で求められる工夫がなされている．このため，本書でも精度について配慮すべき例題や章末問題では敢えて「1 kΩ」などとは表記せず，「1.0 kΩ」と表記している．また，第9章「能動RCフィルタ」では，増幅回路の設計以上に素子値の精度が要求されるため，例題や章末問題において数値を3桁で表している．

　本書においてのもう一つの注意点が章末問題である．本書での説明の流れか

らは外れるが，内容が重要な事項をいくつか章末問題として取り上げている．そのような場合は，略解も詳しくなっているので，問題を解いた後に略解も一読して頂きたい．また，解答が容易な問題から難易度の高い問題まであるので，解答が容易な問題だけでなく，難易度の高い問題にも挑戦して自分の実力を確認して頂きたい．

「まえがき」を終えるにあたり，アナログ電子回路に絡んで最近気になっていることを一つ述べておきたい．最近のテレビなどを視ていると，「アナログ」は「古くさい」，「ディジタル」は「最先端」の代名詞のような言葉の使い方がされているのが気になっている．たとえば，テレビは元々はアナログ電子回路で実現されていたし，電話機や音響製品についても然りである．新しい時代の幕開けを象徴する最先端の製品はアナログ電子回路でまず実現され，その後に，ディジタル回路に置き換わるのである．アナログ電子回路がなければ，画期的で最先端の製品は決して生まれてこないのに，「アナログ」は「古くさい」，「ディジタル」は「最先端」と解釈する世の中は全く不思議なものである．本書を学んだ読者にアナログ電子回路の重要性を認識して頂ければ著者にとって望外の喜びである．

本書を執筆するにあたり，多くの著書を参考にさせて頂いた．自身の著書を含め，参考にさせて頂いた主な著書を本書の最後に記載している．これらの著書を執筆あるいは翻訳，編纂された方々に敬意と謝意を表す．また，著者の再三の締切延長の依頼を寛容にも許諾して頂き，忍耐強く本書の完成を待って頂いた数理工学社の田島伸彦氏に心より御礼申し上げる．

2012年6月

髙木 茂孝

目　　次

第1章
回路解析の基礎　　1
 1.1　回 路 素 子 …………………………………… 2
 1.2　法則と定理 …………………………………… 5
 1.3　正弦波信号と複素表示 ……………………… 11
 　1 章 の 問 題 …………………………………… 14

第2章
信号増幅とその実現　　17
 2.1　信号増幅とは ………………………………… 18
 2.2　演算増幅器を用いた信号増幅 ……………… 20
 　2 章 の 問 題 …………………………………… 27

第3章
トランジスタと増幅作用　　29
 3.1　半 導 体 素 子 ………………………………… 30
 3.2　トランジスタを用いた増幅回路 …………… 40
 3.3　トランジスタのモデリング ………………… 45
 　3 章 の 問 題 …………………………………… 50

第4章
基本増幅回路　　51
 4.1　MOSトランジスタ基本増幅回路 …………… 52
 4.2　バイポーラトランジスタ基本増幅回路 …… 62
 　4 章 の 問 題 …………………………………… 72

目　　次　　vii

第5章

増幅回路の相互接続　　73
　5.1　基本増幅回路の縦続接続 ･･････････････････････ 74
　5.2　差動増幅回路 ････････････････････････････････ 81
　5章の問題 ･･････････････････････････････････････ 89

第6章

増幅回路の周波数特性　　91
　6.1　周波数特性とは ･･････････････････････････････ 92
　6.2　周波数特性の解析 ････････････････････････････ 94
　6章の問題 ････････････････････････････････････ 100

第7章

負帰還増幅回路　　103
　7.1　負帰還増幅回路の特徴 ･･･････････････････････ 104
　7.2　負帰還増幅回路の安定性 ･････････････････････ 112
　7.3　負帰還回路と演算増幅器 ･････････････････････ 114
　7章の問題 ････････････････････････････････････ 116

第8章

電力増幅回路　　119
　8.1　電力増幅回路の基礎 ･････････････････････････ 120
　8.2　A級電力増幅回路 ･･･････････････････････････ 122
　8.3　B級電力増幅回路 ･･･････････････････････････ 127
　8章の問題 ････････････････････････････････････ 130

第9章

能動RCフィルタ　　131
　9.1　フィルタの基礎 ･････････････････････････････ 132
　9.2　状態変数型構成法 ･･･････････････････････････ 135
　9.3　縦続接続型構成法 ･･･････････････････････････ 137
　9.4　その他の構成法 ･････････････････････････････ 146
　9章の問題 ････････････････････････････････････ 147

第10章

発振回路とPLL　　　　　　　　　　　　　　　　　　149
   10.1　正弦波発振回路 ……………………………………150
   10.2　弛張発振回路 ………………………………………157
   10.3　PLLの構成 …………………………………………160
   10 章 の 問 題 ……………………………………………168

問 題 略 解　　　　　　　　　　　　　　　　　　　　171

参 考 文 献　　　　　　　　　　　　　　　　　　　　186

索　　　引　　　　　　　　　　　　　　　　　　　　187

コラム
   単位の由来 …………………………………………………………… 4
   トランジスタの歴史 ………………………………………………… 39
   負帰還増幅回路の発明 ……………………………………………… 113
   Regeneration Theory ………………………………………………… 159

電気用図記号について

本書の回路図は，JIS C 0617 の電気用図記号の表記（表中列）にしたがって作成したが，実際の作業現場や論文などでは旧 JIS の表記（表右列）を用いる場合も多い．参考までによく使用される記号の対応を以下の表に示す．

	新 JIS 記号（C 0617）	旧 JIS 記号（C 0301）
電気抵抗，抵抗器	▭	⋀⋀⋀
半導体（ダイオード）	▷⏐	▶⏐
接地（アース）	⏚	⏚
インダクタンス，コイル	∼∼∼	⦿⦿⦿
電源	⊣⊢	⊣⊢

SI 接頭辞について

主な接頭辞を以下の表に示す．

単位	倍数	単位	倍数
k（キロ）	10^3	m（ミリ）	10^{-3}
M（メガ）	10^6	μ（マイクロ）	10^{-6}
G（ギガ）	10^9	n（ナノ）	10^{-9}
T（テラ）	10^{12}	p（ピコ）	10^{-12}
P（ペタ）	10^{15}	f（フェムト）	10^{-15}

第1章

回路解析の基礎

　この章では，アナログ電子回路を学ぶ前に知っておかなければならない回路解析に必要な最低限の知識や定理について説明する．これらについて十分に修得している場合は，アナログ電子回路の学習を次章より始めるとよい．

1.1　回路素子
1.2　法則と定理
1.3　正弦波信号と複素表示

1.1　回路素子

　回路の構成に用いられる代表的な素子が**抵抗器**である．抵抗器の記号を図1.1(a)に示す．抵抗器は単に抵抗とも呼ばれている．その特性は

$$V = RI \tag{1.1}$$

と表される．この式は**オームの法則**と呼ばれており，電圧 V (単位：V，ボルト) が電流 I (単位：A，アンペア) に比例することを表している．この式の比例定数 R は**抵抗値**と呼ばれ，単位は Ω (オーム) である．抵抗器と同様に，抵抗値も単に抵抗と呼ばれることがあるが，一般には文脈より区別がつくので，本書でも抵抗を両方の意味で用いる．図1.1(a) や式 (1.1) から，抵抗器の電流は電位が高い端子[1])から電位が低い端子に流れることがわかる．

　図1.1(b) は**容量**の記号である．容量はコンデンサとも呼ばれるが，その英訳の condenser はほとんど使われてない[2])．容量を流れる電流は

$$I = C\frac{dV}{dt} \tag{1.2}$$

と表される．この式において，C は**容量値**あるいは**キャパシタンス**と呼ばれ，単位は F (ファラド) である．この式から容量には，端子間の電圧の時間変化に比例した電流が流れることがわかる．

　図1.1(c) は**インダクタ**の記号である．インダクタはコイルとも呼ばれるが，容量の場合と同様に，その英訳の coil はほとんど使われてない[3])．インダクタ

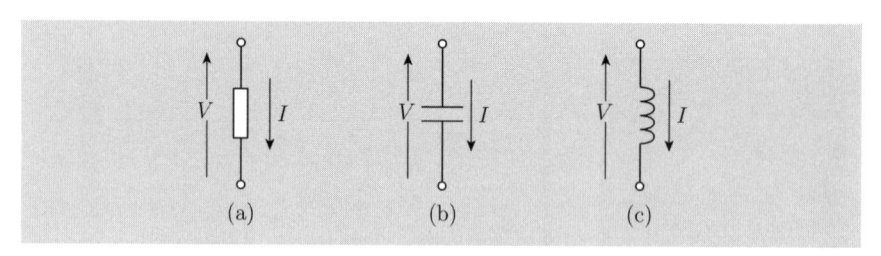

図 1.1　回路素子の記号

---
[1]) ある回路素子や回路がそれ以外の回路素子や回路と接続する部分．
[2]) 容量の英訳として capacitor (キャパシタ) が一般的に使われている．
[3]) インダクタに相当する日本語は**輪線**であるが，一般には使われていない．

の端子間の電圧は

$$V = L\frac{dI}{dt} \quad (1.3)$$

と表される．この式において，L は**インダクタンス**と呼ばれ，単位は H (ヘンリー) である．この式からインダクタには，それを流れる電流の時間変化に比例した電圧が端子間に発生することがわかる．

　抵抗や容量，インダクタに電圧を加えたり，電流を流したりするためには**電源**が必要である．電源には，電圧があらかじめ決まっている**電圧源**と電流があらかじめ決まっている**電流源**がある．さらに，これらの電源は直流を発生する直流電源，正弦波交流を発生する電源，これら以外の電源に分類することができる．それぞれの電源の記号を図 1.2 に示す[4]．図 1.2(a) は直流電圧源の記号，図 1.2(b) は正弦波交流電圧源を表す．図 1.2(c) は方形波などの一般的な電圧源を表す記号である．図 1.2(d) は電流源の記号であり，直流と交流の両方に用いる．

　電圧源はあらかじめ値が決まっている電圧を発生する素子であり，電流源はあらかじめ値が決まっている電流を発生する素子である．逆に，電圧源の電流や電流源の電圧はあらかじめ決まっているわけではなく，電圧源や電流源が接続された回路によって決まる．このことを回路の分野では「電圧源の電流や電流源の電圧は任意である」という．たとえば，導線を流れる電流は任意である．導線の両端には電圧が生じないので，導線の電圧はあらかじめ零という値に決まっている．このことは，導線は値が零の電圧源と等価であることを意味して

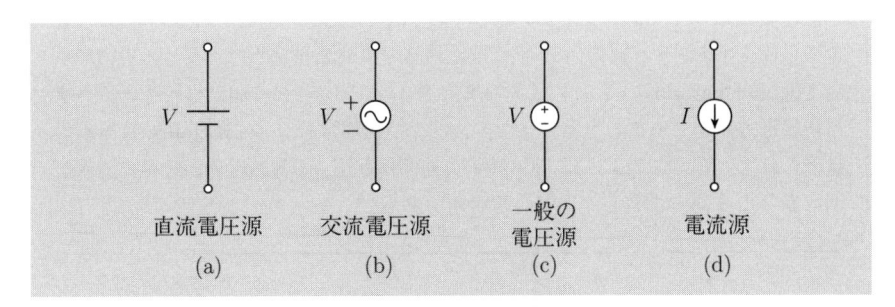

図 1.2　電源の記号

---

[4] 電源の記号は様々あり，本書ではこれらの記号を用いる．

いる．すなわち，値が零の電圧源は短絡と等価である[5]．また，同様に，値が零の電流源は開放と等価である．

電子回路を構成するためには，上述した回路素子以外にトランジスタやダイオードなどが必要であるが，これらについては第 3 章で説明する．

☕ 単位の由来

単位から電気の歴史を読み取ることができる．電圧は，1800 年にイタリアの物理学者 Alessandro Volta が電池を発明したことから，単位として V (ボルト) が使われている．電流には，1820 年にフランスの物理学者 André-Marie Ampère が電流と発生する磁界の関係を明らかにしたことに因んで A (アンペア) の単位が用いられている．さらに，抵抗の単位である Ω (オーム) は，1824 年にオームの法則を発見したドイツの物理学者 Gerog Simon Ohm に因んで付けられた．容量の単位 F (ファラド) は 1831 年に電磁誘導の法則を発見したイギリスの物理学者 Michael Faraday，インダクタの単位 H (ヘンリー) は 1832 年にインダクタに逆起電力が起こることを発見したアメリカの物理学者 Joseph Henry に因んで付けられている．このように，1800 年代初頭は電圧，電流，電界，磁界の関係が明らかとなった，まさしく電気の黎明期である．

---

[5] 回路の分野では，素子などを接続する導線を**配線**と呼ぶ．また，異なる 2 個の端子を配線で結ぶことを「短絡する」あるいは「短絡除去する」といい，2 個の端子間を結ぶ配線を切断することを「開放する」あるいは「開放除去する」という．

1.2 法則と定理

■1.2.1 キルヒホッフの法則

回路解析で最も重要な法則が**キルヒホッフの法則**である．キルヒホッフの法則には**電圧則**と**電流則**がある．回路素子が互いに接続された部分は**節点**と呼ばれている．節点は単なる接続点であるので電荷を貯めることはない．このことから，次のキルヒホッフの電流則が成り立つ．

> **キルヒホッフの電流則**
> 任意の節点に流れ込む電流の総和は零である．

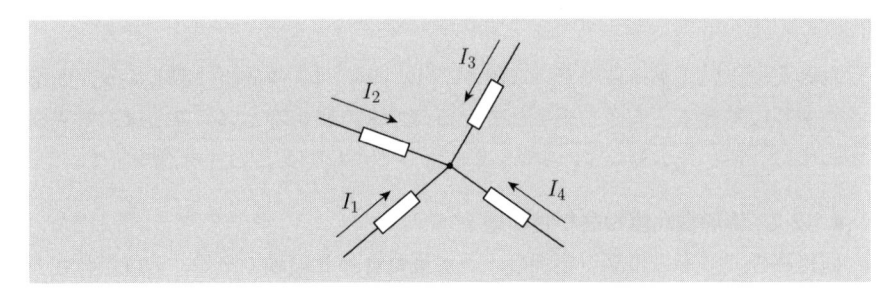

図 1.3 キルヒホッフの電流則の説明

たとえば，図 1.3 において，電流 I_1, I_2, I_3, I_4 の総和は零となる．これらの電流は節点に流れ込む向きを正としているので，総和が零ということは，I_1, I_2, I_3, I_4 の少なくとも一つが負であることを意味している．負の電流とは節点から流れ出す電流であるので，見方を変えると，キルヒホッフの電流則を「節点に流れ込む電流の総和と節点から流れ出す電流の総和が等しい」と解釈することもできる．

回路中の任意の節点を出発して一つ以上の他の節点を通り，元の節点に戻る経路を**閉路**と呼ぶ．電位とはある節点から別の節点へ至るためのエネルギーであるため，その経路には依らない．このことから，次のキルヒホッフの電圧則が成り立つ．

キルヒホッフの電圧則
任意の閉路上の隣り合う節点間の電位差の総和は零である.

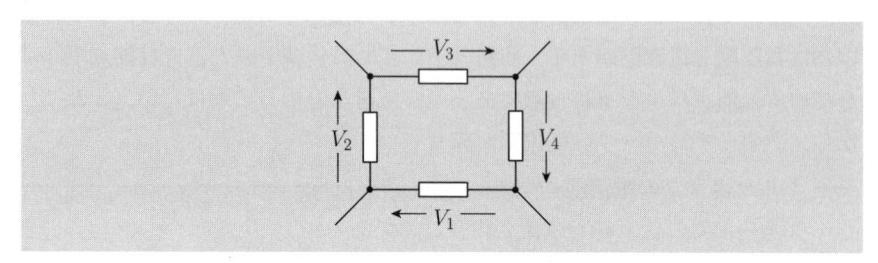

図 1.4 キルヒホッフの電圧則の説明

たとえば，図 1.4 において，電圧 V_1, V_2, V_3, V_4 の総和は零となる．閉路を右回りに移動する向きを正としているので，総和が零ということは，電流則と同様に，V_1, V_2, V_3, V_4 の少なくとも一つが負であることを意味している．

■1.2.2 線形性と重ね合わせの理

回路解析で最も役に立つ定理の一つが**重ね合わせの理**である．重ね合わせの理は回路が線形であることを前提としている．そこで，まず，**線形性**について説明し，次に重ね合わせの理について述べる．

定義：線形性
変数 x_1 と x_2 が与えられたとき，関数 f が任意の定数 a_1 と a_2 について常に

$$f(a_1 x_1) + f(a_2 x_2) = a_1 f(x_1) + a_2 f(x_2) \tag{1.4}$$

という関係を満足するとき，関数 f は線形であるという．

たとえば，関数 f が R という値の抵抗に生じる電圧であるとし，I_1 と I_2 という電流が流れている場合について考えてみる．オームの法則から I_1 と I_2 が流れているとき，抵抗に生じる電圧はそれぞれ

$$f(I_1) = RI_1 \tag{1.5}$$

$$f(I_2) = RI_2 \tag{1.6}$$

である．次に I_1 の a_1 倍の電流と I_2 の a_2 倍の電流の和が同じ抵抗に流れた場合の電圧は

$$f(a_1 I_1 + a_2 I_2) = R(a_1 I_1 + a_2 I_2) = a_1 R I_1 + a_2 R I_2 = a_1 f(I_1) + a_2 f(I_2) \tag{1.7}$$

となる．この式において，電流 I_1 と I_2 が式 (1.4) の x_1 と x_2 であると考えれば，抵抗の電圧は電流に対して線形であることがわかる．

また，抵抗と同様に，容量やインダクタについても式 (1.2) や式 (1.3) から線形であることがわかる．抵抗や容量，インダクタのように，電圧と電流の間に線形な関係がある素子を**線形素子**と呼ぶ．

▄■ 例題 1.1
抵抗の電流は電圧に対して線形であることを示せ．

【解答】 式 (1.1) を電流の式に書き直すと

$$I = GV \tag{1.8}$$

となる．ただし，$G = 1/R$ であり，G は**コンダクタンス**と呼ばれ，単位は S (ジーメンス) である．この式は形式的に式 (1.1) の V を I に，I を V に，R を G に置き換えただけであるので，式 (1.1) から抵抗の電圧が電流に対して線形であれば，式 (1.8) から抵抗の電流は電圧に対して線形である． ∎

▄■ 例題 1.2
容量やインダクタが線形素子であることを示せ．

【解答】 式 (1.2) を

$$I = f(V) \tag{1.9}$$

と書き直し，a_1 と a_2 を任意の定数とすると，$V = a_1 V_1 + a_2 V_2$ のとき I は

$$I = f(a_1 V_1 + a_2 V_2) = C \frac{d(a_1 V_1 + a_2 V_2)}{dt} = C \left\{ \frac{d(a_1 V_1)}{dt} + \frac{d(a_2 V_2)}{dt} \right\}$$
$$= a_1 C \frac{dV_1}{dt} + a_2 C \frac{dV_2}{dt} = a_1 f(V_1) + a_2 f(V_2) \tag{1.10}$$

となるので容量は線形素子である．

式 (1.3) は，式 (1.2) の I が V に，V が I に，C が L に置き換わっただけであるので，式 (1.2) から容量が線形素子であるならば，式 (1.3) からインダクタが線形素子であることは明らかである． ∎

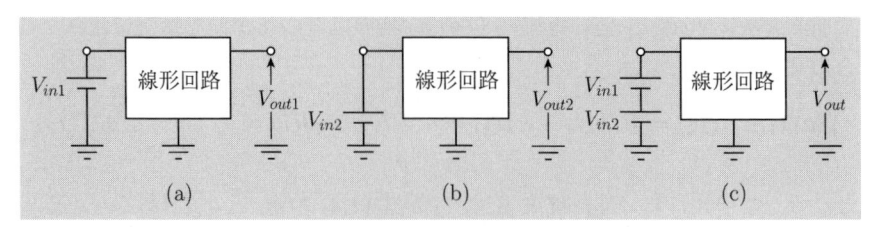

図 1.5　線形回路と重ね合わせの理

　線形素子だけから構成される回路を**線形回路**と呼ぶ．線形回路においても線形な関係が成り立つ．たとえば，図 1.5 について考える．図 1.5(a) は，ある線形回路に V_{in1} を加えたときの出力電圧が V_{out1} であることを表している．また，図 1.5(b) は，図 1.5(a) と同じ線形回路に V_{in2} を加えたときの出力電圧が V_{out2} であることを表している．式 (1.4) が成り立ち，$a_1 = 1$，$a_2 = 1$ とすれば，図 1.5(c) に示すとおり，V_{in1} と V_{in2} を図 1.5(a) や (b) と同じ線形回路に加えたときの出力電圧 V_{out} が

$$V_{out} = V_{out1} + V_{out2} \tag{1.11}$$

であることがわかる．図 1.5 は入力電圧が 2 個の回路であるが，入力電圧が 3 個でも 4 個でも同様の関係が成り立つ．もちろん，入力が電流であったり，出力が電流であっても同様に成り立つ．したがって，次に示す**重ね合わせの理**が成り立つ．

重ね合わせの理

　線形回路と複数の電源から構成される回路において，回路中の任意の節点間に生じる電圧は，回路中の一つの電源だけを残して，他の電源を零としたときに同じ節点間に生じる電圧を求め，残りの零としたすべての電源についても同様に求めた結果の総和である．

　節点間に生じる電圧に基づいて重ね合わせの理を説明したが，素子に流れる電流についても同様に重ね合わせの理が成り立つ．

■ 例題 1.3

図 1.5(b) の出力電圧 V_{out2} が 3.0 V,図 1.5(c) の入力電圧 $V_{in1} + V_{in2}$ が 1.0 V,出力電圧 V_{out} が 2.0 V のとき,V_{in1} と V_{in2} を求めよ.

【解答】 V_{out1} は $V_{out1} = V_{out} - V_{out2} = -1.0\,[\text{V}]$ である.また,図 1.5(a) は入力電圧を 2.0 倍する回路であるので,$V_{in1} = V_{out1}/2.0 = -0.50\,[\text{V}]$,$V_{in2} = 3.0/2.0 = 1.5\,[\text{V}]$ となる. ∎

■ 1.2.3 テブナンの定理

テブナンの定理とは電源と線形回路を等価的に表すための定理である.図 1.6(a) は線形回路と複数の電圧源や電流源からなる回路を表している.複数個の電圧源の一つとして V_i を,複数個の電流源の一つとして I_j を明示的に示している.これら複数の電源によって線形回路の端子対 1–1′ 間に電圧 V_f が発生している.この回路は等価的に図 1.6(b) に示す回路で表すことができる.ただし,Z_f は,図 1.6(c) に示すとおり,線形回路の電源をすべて零としたときに端子対 1–1′ 間に生じる合成抵抗である.図 1.6(a) と (b) が等価であることの証明は他書に譲る[6].

テブナンの定理を応用した最も簡単な例が図 1.7 に示す等価変換である.抵抗 R が等しく,$V = RI$ の関係が成り立つならば,図 1.7(a) の電圧源は図 1.7(b) の電流源に,逆に図 1.7(b) の電流源は図 1.7(a) の電圧源に等価変換することができる.図 1.7(a) と (b) が等価であることを**電源の等価性**と呼ぶ.図 1.7 では直流電源を用いているが,一般の電源でも電源の等価性は成り立つ.また,電

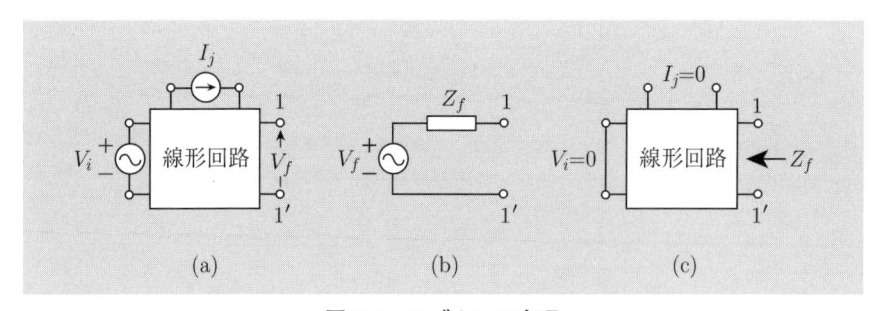

図 1.6 テブナンの定理

---

[6] たとえば,拙著「線形回路理論」(昭晃堂) を参照のこと.

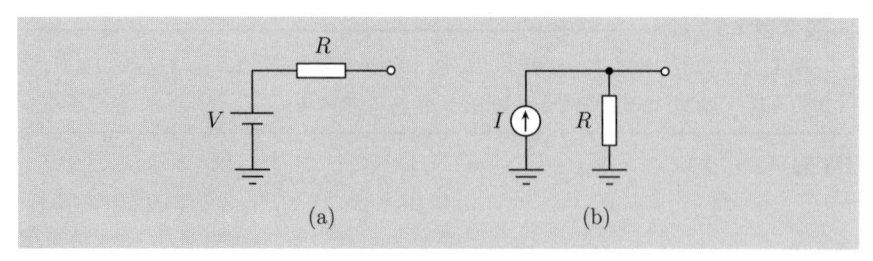

図 1.7 電源の等価性

源の等価性を用いると，図 1.6(a) の回路を，図 1.6(b) とは異なり，電流源と抵抗を用いて表すこともできる．

▎ 例題 1.4

図 1.6(a) を図 1.7(b) の回路を用いて等価的に表したとき，電流 I と抵抗 R を Z_f と V_f を用いて表せ．

【解答】抵抗値が等しく，$V = RI$ が成り立てば図 1.7(a) と図 1.7(b) が等価となる．したがって，図 1.7(b) の R が Z_f に等しく，I が V_f/Z_f であれば，図 1.6(a) は図 1.7(b) と等価になる．

1.3 正弦波信号と複素表示

極論すると，キルヒホッフの法則と式 (1.1) から式 (1.3) などの素子の特性を表す式だけで回路の解析を行うことができる．しかし，式 (1.2) や式 (1.3) は時間微分を用いた式であるため，微分方程式を解かなければならないが，高次の微分方程式を直接解くことは一般には極めて困難である．この問題に対して，線形回路[7]では，電圧や電流を複素数で表すことにより微分方程式を解かないで済む解析方法が知られている．

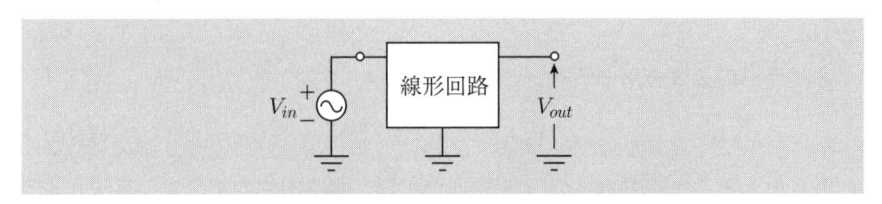

図 1.8 正弦波電圧信号によって駆動される線形回路

線形回路に正弦波信号を加え，時間が十分経過すると，線形回路内部のすべての電圧や電流の周波数は加えられた正弦波信号の周波数と等しくなることが知られている．すなわち，図 1.8 に示すように，線形回路に入力として

$$V_{in} = A_{in} \cos(\omega t + \theta_{in}) \tag{1.12}$$

という正弦波電圧を加えたとき，出力に

$$V_{out} = A_{out} \cos(\omega t + \theta_{out}) \tag{1.13}$$

という振幅と位相が異なる正弦波電圧が現れる．$\theta_{out} - \theta_{in}$ は入力信号と出力信号の **位相差** と呼ばれ，$\theta_{out} - \theta_{in}$ が正のとき出力信号が入力信号よりも時間的に進み，負のとき出力信号が入力信号よりも遅れる．cos は周期関数であるので，$\theta_{out} - \theta_{in}$ が 2π の整数倍のときは位相が一致する．また，$\theta_{out} - \theta_{in}$ が π あるいは π の奇数倍のとき，位相が反転しているという．

容量などを含む回路に式 (1.12) の V_{in} を加えたときの出力 V_{out} を求めようとすると，微分方程式を解かざるを得ない．微分方程式を直接解くことは煩雑

---
[7] 正確には「線形時不変回路」である．「時不変」とは時間が経っても回路の特性が変わらないという性質である．

であるので，V_{in} の代わりに

$$\hat{V}_{in} = A_{in}\{\cos(\omega t + \theta_{in}) + j\sin(\omega t + \theta_{in})\} \qquad (1.14)$$

を加える．ただし，j は虚数単位である[8]．$\hat{V}_{in}$ を加えたときの出力は

$$\hat{V}_{out} = A_{out}\{\cos(\omega t + \theta_{out}) + j\sin(\omega t + \theta_{out})\} \qquad (1.15)$$

となることが知られている[9]．複素数である電圧 $\hat{V}_{in}$ を現実に加えることはできないが，計算上は可能である．しかも，実数である V_{in} を加えたときの出力 V_{out} は $\hat{V}_{out}$ の実部であるので，$\hat{V}_{out}$ が求められれば V_{out} も求めることができる．

オイラーの公式を用いると，式 (1.14) は

$$\hat{V}_{in} = A_{in}e^{j(\omega t + \theta_{in})} \qquad (1.16)$$

と書き換えることができる[10]．線形回路では，回路内部のすべての電圧と電流の周波数が等しいので，式 (1.16) を加えた場合の線形回路内部の信号は

$$\hat{S} = Ae^{j(\omega t + \theta)} \qquad (1.17)$$

となる．たとえば，$\hat{S}$ が容量の電圧であるとすると，その容量を流れる電流 I_C は，式 (1.2) から

$$I_C = C\frac{d\{Ae^{j(\omega t + \theta)}\}}{dt} = j\omega C \times Ae^{j(\omega t + \theta)} = j\omega C \times \hat{S} \qquad (1.18)$$

となる．すなわち，$\hat{S}$ を時間微分するということは $\hat{S}$ に $j\omega$ を乗算することに他ならない．同様にインダクタにおいても時間微分が $j\omega$ の乗算に置き換わる．したがって，容量やインダクタの素子関係式として，式 (1.2) や式 (1.3) ではなく

$$I = j\omega CV \qquad (1.19)$$

$$V = j\omega LI \qquad (1.20)$$

を用いて解析することにより，$\hat{V}_{out}$ を求めることができる．$\hat{V}_{out}$ が求められ

---

[8] すなわち，$j \times j = -1$ である．回路の分野において i は電流を表すので，虚数単位として i の代わりに j を用いる．

[9] 詳細は拙著「線形回路理論」(昭晃堂) を参照のこと．

[10] オイラーの公式とは式 (1.14) の右辺中括弧内の式が式 (1.16) の右辺の指数関数と等しいという公式である．

1.3 正弦波信号と複素表示

れば，その実部から微分方程式を解かずに V_{out} も求められる．式 (1.19) と式 (1.20) は

$$I = YV \quad (1.21)$$

$$V = ZI \quad (1.22)$$

と一般化することができ，式 (1.21) の比例定数 Y を**アドミタンス**と呼び，式 (1.22) の比例定数 Z を**インピーダンス**と呼ぶ．

本節のはじめに説明したとおり，線形回路では，その内部のすべての信号の周波数は等しいので式 (1.17) において $e^{j\omega t}$ は冗長である．実際に，$e^{j\omega t}$ を省略しても式 (1.19) や式 (1.20) は成り立つ．さらに，電圧や電流だけでなく，電力を求めやすくするためには信号の大きさを振幅ではなく，実効値で表すと便利である．そこで，信号を式 (1.17) ではなく

$$\hat{S} = A_{effective} e^{j\theta} \quad (1.23)$$

と表す．この表現方法を**複素表示**と呼ぶ．ただし，式 (1.23) において，$A_{effective}$ は

$$A_{effective} = \frac{A}{\sqrt{2}} \quad (1.24)$$

である．

例題 1.5

角周波数を ω としたとき，複素表示された $1\,[{\rm V}]$ と $j\,[{\rm V}]$ の電圧の振幅と位相を比較せよ．

【解答】 複素表示された $1\,[{\rm V}]$ の元の電圧を V_1 とすると，V_1 は

$$V_1 = {\rm Re}[\sqrt{2}e^{j\omega t}] = \sqrt{2}\cos\omega t \quad (1.25)$$

である．ただし，Re は大括弧内の複素数から実部だけを取り出すことを表している．
一方，複素表示された $j\,[{\rm V}]$ の元の電圧を V_j とすると，V_j は

$$V_j = {\rm Re}[\sqrt{2}je^{j\omega t}] = {\rm Re}[\sqrt{2}e^{j(\omega t + \pi/2)}] = \sqrt{2}\cos(\omega t + \pi/2) = -\sqrt{2}\sin\omega t \quad (1.26)$$

である．したがって，V_1 と V_j の振幅は等しく，V_j は V_1 に対して時間的に $\pi/2$ 進んでいる．　∎

1章の問題

□**1** 図 1.9(a) および (b) の合成抵抗を求めよ．

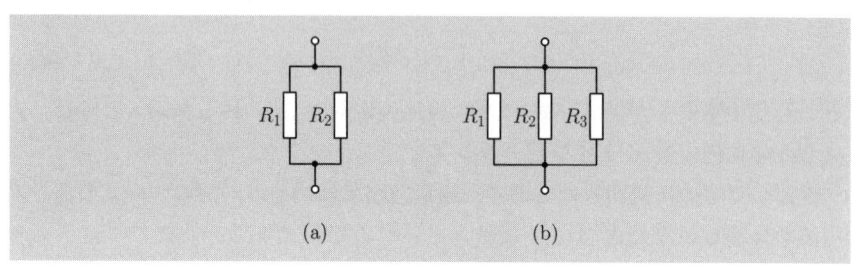

図 1.9 抵抗の並列接続

□**2** 図 1.10(a) および (b) において，$E = 1.0\,[\text{V}]$，$I = 0.20\,[\text{mA}]$，$R = 30\,[\text{k}\Omega]$ のとき，V を求めよ．

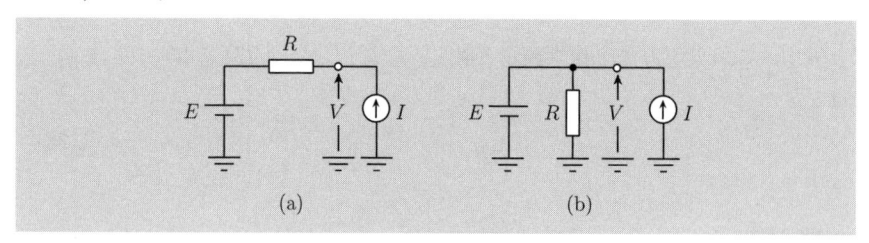

図 1.10 電源と抵抗から構成された回路

□**3** 図 1.11 に示す，n 個の抵抗からなる放射状の回路において電圧 V_0 を電圧源 V_i と抵抗のコンダクタンス G_i $(i = 1 \sim n)$ を用いて表せ．

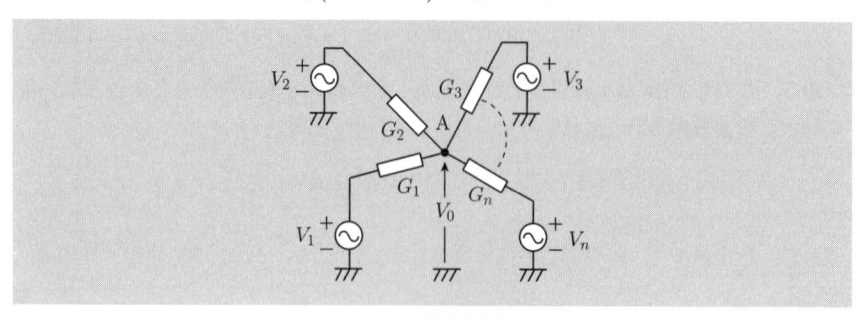

図 1.11 放射状回路

□ **4** 複素表示を用いて電圧を表したとき，V_{in} が $1\,\mathrm{V}$，V_{out} が $V_{out} = (1/\sqrt{2}) + j(1/\sqrt{2})\,\mathrm{[V]}$ であった．V_{out} の振幅と V_{in} に対する位相を求めよ．さらに，V_{in} が $1\,\mathrm{V}$ で，V_{out} が $V_{out} = \sqrt{2}j\{(1/\sqrt{2}) + j(1/\sqrt{2})\} = -1 + j\,\mathrm{[V]}$ のとき，V_{out} の振幅と V_{in} に対する位相を求めよ．

□ **5** A君は，ある回路のインピーダンス Z_{LCR} を計算して，Z_{LCR} は
$$Z_{LCR} = R + \frac{1}{j\omega C + j\omega L}$$
であると答えたところ，計算をしていないB君が，「A君の答えは間違っている」と即座に断言した．なぜ計算をしてしていないB君はA君の答えを誤りであると即座に断言できたのか理由を述べよ．ただし，R は抵抗値，C は容量値，L はインダクタンスを表している．

□ **6** 複素表示された出力電圧が $1.0 + j0.00016\omega\,\mathrm{[V]}$ であるとする．出力電圧の周波数が $1.0\,\mathrm{kHz}$ のときの振幅と位相を求めよ．

第2章

信号増幅とその実現

アナログ電子回路ではトランジスタと呼ばれる半導体素子を用いて信号の増幅を行っている．本章では，まず信号の増幅とは何かについて考え，アナログ電子回路において最も有用な素子の一つである演算増幅器を紹介し，演算増幅器を用いた簡単な回路の解析について説明する．

2.1　信号増幅とは
2.2　演算増幅器を用いた信号増幅

2.1 信号増幅とは

入力された電圧や電流などの信号の振幅をより大きな振幅の電圧や電流として出力することが**増幅**である．信号だけに着目すると，信号を増幅することはエネルギー保存則に反するように思われる．しかし，信号を増幅するためのエネルギーは電源から供給されているので，エネルギー保存則に反することはない．

図 2.1 は増幅回路の増幅作用を模式的に表した図である．素子 A は正の電圧を加えると電流が増加し，素子 B は負の電圧を加えると電流が増加する素子であると仮定する．また，加える電圧が零の場合は，素子 A と B に流れる電流は等しくなるものとする．

図 2.1(a) は信号が入力されていない場合の増幅回路の状態を表している．信号が入力されていない状態では，素子 A に流れる電流 I_{DD} と素子 B に流れる電流 I_{SS} が等しくなるので，値が正である直流電圧源 V_{DD} から供給される電流は，値が負である直流電圧源 $-V_{SS}$ に向かって流れるだけである．したがって，出力端子に接続された抵抗 R_L に流れる電流は零である．すなわち，出力電圧 V_{out} は零となる．

図 2.1(b) は，入力信号として正の電圧 V_{in} が加えられた場合を表している．

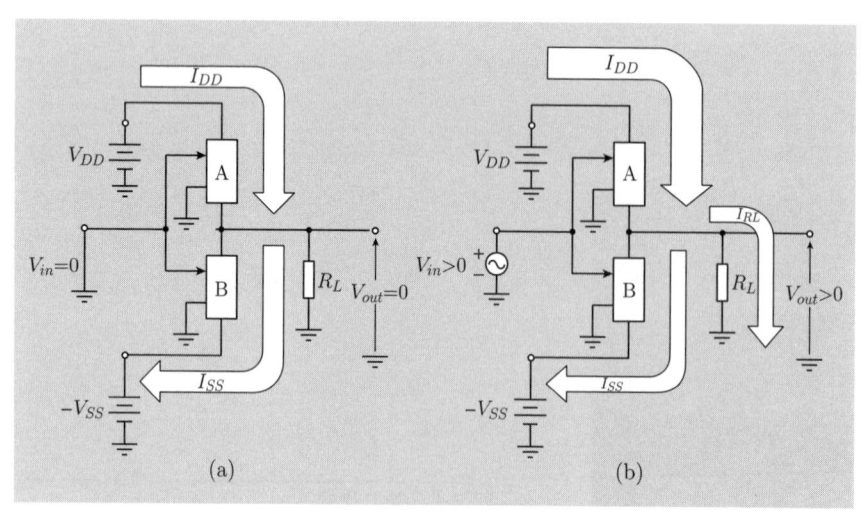

図 2.1 増幅の説明

この場合，素子 A を流れる電流が増加し，素子 B を流れる電流が減少するので，I_{DD} の一部が出力端子から抵抗 R_L に向かって電流が流れ込む．したがって，出力端子の電位は接地点よりも高くなる．すなわち，出力電圧 V_{out} は正であり，その値は I_{DD} と I_{SS} の差と抵抗 R_L の値の積である．

入力信号として負の電圧が加えられた場合は，図 2.1(b) と全く逆の動きとなり，素子 A を流れる電流が減少し，素子 B を流れる電流が増加するので，抵抗 R_L から負の電源 $-V_{SS}$ に向かって電流が流れる．したがって，出力電圧は負となる．

以上の説明からわかるように，入力電圧は素子 A や B の電流を制御している．さらに，素子 A や B を流れる電流の差が抵抗 R_L に流れ，出力電圧が発生する．たとえ入力電圧が小さくても，出力電圧は出力端子に接続された抵抗を流れる電流とその抵抗値の積であるから，大きな値の抵抗を用いれば大きな電圧変化が生じる．これが増幅作用である．すなわち増幅作用とは，入力信号によって電源から供給される電流を，入力信号よりも大きな振幅の出力信号に変換することに他ならない．

実際に，トランジスタを用いれば，図 2.1 に相当する増幅回路を構成することができる．しかし，本章では増幅回路とはどういうものであるかを理解して貰う目的で，トランジスタを用いた増幅回路の構成を説明する前に，演算増幅器と呼ばれる素子[1]を用いた簡単な回路について説明する．

◼ 例題 2.1

図 2.1(b) において，$V_{in} = 1.0\,[\mathrm{mV}]$ のとき，I_{DD} が $2.0\,\mu\mathrm{A}$，I_{SS} が $1.5\,\mu\mathrm{A}$ であった．抵抗 R_L の値を $20\,\mathrm{k\Omega}$ とすると，出力電圧 V_{out} はいくらか．

【解答】抵抗 R_L に流れる電流 I_{RL} は $I_{RL} = I_{DD} - I_{SS} = 0.50\,[\mu\mathrm{A}]$ であるので，出力電圧 V_{out} は $0.50\,[\mu\mathrm{A}] \times 20\,[\mathrm{k\Omega}] = 10\,[\mathrm{mV}]$ となる．　■

---

[1] 「素子」と書いたが，演算増幅器は多数のトランジスタによって構成されている．

2.2 演算増幅器を用いた信号増幅

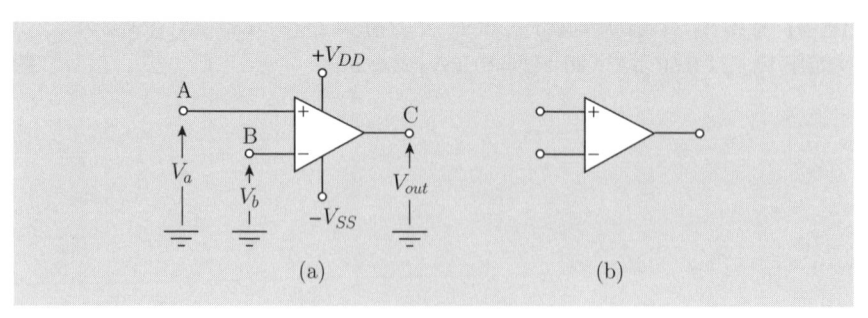

■2.2.1 演算増幅器の特性

演算増幅器の記号を図 2.2 に示す．図 2.2(a) に示すとおり，一般に演算増幅器では電源として正と負の直流電圧源を用いる．この図では電源が接続される端子も示しているが，電源を接続する端子を省略した図 2.2(b) の記号がよく用いられる．図 2.2(a) において，端子 A は**非反転入力端子**，端子 B は**反転入力端子**と呼ばれている．また，端子 C が出力端子である．基本的には，演算増幅器は端子 A と端子 B の間の電圧を増幅して出力する素子である．すなわち，V_{out} は

$$V_{out} = A_d(V_a - V_b) \tag{2.1}$$

と表され，A_d は**差動利得**と呼ばれている．この A_d の典型的な値は 10,000 から 100,000 倍と非常に大きい．また，端子 A や端子 B には電流が流れ込まないことも演算増幅器の特徴の一つである．

一般に演算増幅器を用いた回路では，非常に大きな値である A_d をたとえ無限大であると仮定しても，演算増幅器の出力 V_{out} が有限の値になるように構成されている．このとき，式 (2.1) から V_a と V_b の間には

$$V_a - V_b = \lim_{A_d \to \infty} \frac{v_{out}}{A_d} = 0 \tag{2.2}$$

という関係が成り立つことがわかる．すなわち，演算増幅器の 2 個の入力端子の間の電位差が零となる．この状態は一見すると短絡のように思われるが，入力端子に流れ込む電流も零であるので，短絡ではなく，開放でもない．この状

図 2.2　演算増幅器の記号

2.2 演算増幅器を用いた信号増幅

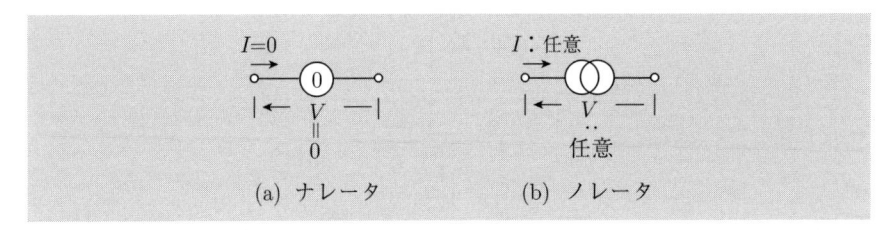

図 2.3 ナレータとノレータ

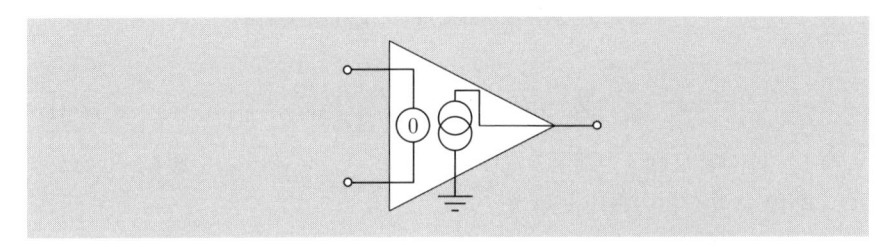

(a) ナレータ (b) ノレータ

図 2.4 ナレータ・ノレータを用いた演算増幅器の等価回路

態は**仮想短絡**と呼ばれている．2個の入力端子間が仮想短絡であることを表すために，図 2.3(a) に示す**ナレータ**と呼ばれる仮想の素子がよく用いられる．ただし，ナレータを単独で用いると，キルヒホッフの法則が成り立たなくなる．そこで，図 2.3(b) の**ノレータ**と呼ばれる仮想の素子をナレータと同じ数だけ必ず一緒に用いる．ノレータは端子間の電圧とノレータを流れる電流が任意の素子である．演算増幅器の出力電圧と出力電流は周辺の回路によって定まるので，ナレータとノレータを用いると，差動利得が無限大の演算増幅器の等価回路が図 2.4 となる．

■2.2.2 演算増幅器を用いた回路

演算増幅器の仮想短絡という性質を利用すれば演算増幅器を用いた回路を容易に解析することができる．たとえば，図 2.5 の回路について解析してみる．反転入力端子に電流が流れないことから，抵抗 R_1 と抵抗 R_2 には同じ電流が流れる．この電流 I_r は

$$I_r = \frac{V_{out}}{R_1 + R_2} \tag{2.3}$$

である．したがって，演算増幅器の反転入力端子の電位 V_b は

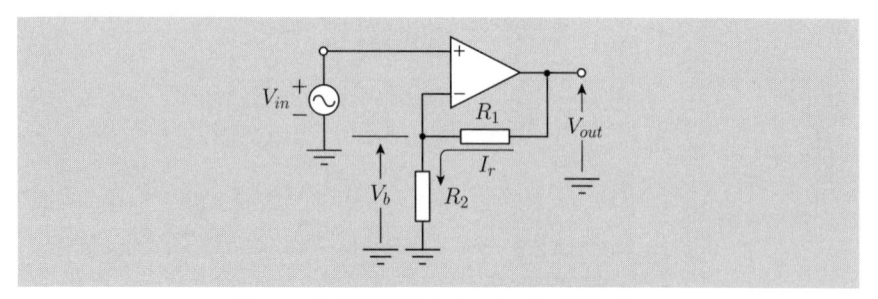

図 2.5 演算増幅器を用いた正相増幅回路

$$V_b = R_2 I_r = \frac{R_2}{R_1 + R_2} V_{out} \tag{2.4}$$

となる．V_b は非反転入力端子の電位に等しいので，$V_b = V_{in}$ である．したがって，式 (2.4) から出力電圧 V_{out} が

$$V_{out} = \frac{R_1 + R_2}{R_2} V_{in} \tag{2.5}$$

となる．

■ **例題 2.2**

図 2.5 の回路の出力電圧 V_{out} が入力電圧 V_{in} の 10 倍となるように抵抗 R_1 と R_2 の値を定めよ．

【解答】 $(R_1 + R_2)/R_2 = 10$ となればよいので，$R_1 : R_2 = 9 : 1$ となるように抵抗 R_1 と R_2 の比を定めればよい．比だけが定まるので，抵抗 R_1 や R_2 の値の選び方は無数に存在する．通常の電子回路では，抵抗に流れる電流が数 μA から数 mA 程度にするのが一般的であり，出力信号振幅が最大で数 V 程度[2]であることから，たとえば，$R_1 = 18\,[\mathrm{k\Omega}]$, $R_2 = 2.0\,[\mathrm{k\Omega}]$ とすればよい． ■

図 2.5 の回路は入力電圧と出力電圧の位相が同じになることから **正相増幅回路あるいは非反転増幅回路** と呼ばれている．一方，図 2.6 の回路は入力電圧と出力電圧の位相が反転するため **逆相増幅回路あるいは反転増幅回路** と呼ばれている．

図 2.6 の回路も仮想短絡の性質を用いれば簡単に解析することができる．この図において，非反転入力端子が接地されているので反転入力端子の電位は零

---
[2] 一般に電源電圧から定まる．

2.2 演算増幅器を用いた信号増幅

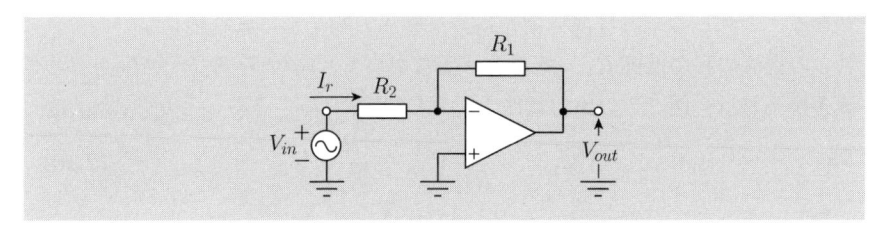

図 2.6 演算増幅器を用いた逆相増幅回路

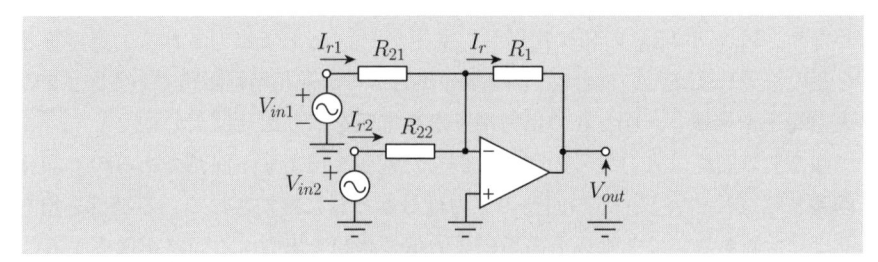

図 2.7 演算増幅器を用いた加算回路

である．したがって，抵抗 R_2 に流れる電流 I_r は

$$I_r = \frac{V_{in}}{R_2} \tag{2.6}$$

となる．この電流はすべて抵抗 R_1 に流れ，また反転入力端子の電位が零であることから，出力電圧 V_{out} は

$$V_{out} = 0 - R_1 I_r = -\frac{R_1}{R_2} V_{in} \tag{2.7}$$

となる．式 (2.7) では V_{in} の係数に負の符号が付いている．負の符号は，V_{in} が正のとき V_{out} が負，V_{in} が負のとき V_{out} が正であることを表しているので，位相が反転していることがわかる．

図 2.6 の回路を応用すると，加算を行うことができる．2 個の入力信号を加算する回路を図 2.7 に示す．この図の回路の 2 個の入力信号に接続された抵抗 R_{21} と R_{22} それぞれを流れる電流 I_{r1} と I_{r2} は

$$I_{r1} = \frac{V_{in1}}{R_{21}} \tag{2.8}$$

$$I_{r2} = \frac{V_{in2}}{R_{22}} \tag{2.9}$$

となる．これらの電流は演算増幅器の反転入力端子には流れ込まないので，これらの電流の和が抵抗 R_1 に流れる．したがって，式 (2.7) の I_r を $I_{r1}+I_{r2}$ に置き換えれば，図 2.7 の出力電圧 V_{out} が求められる．このことから V_{out} は

$$V_{out}=-\frac{R_1}{R_{21}}V_{in1}+\frac{R_1}{R_{22}}V_{in2} \qquad (2.10)$$

となる．さらに，$R_{21}=R_{22}=R_2$ とすれば

$$V_{out}=-\frac{R_1}{R_2}(V_{in1}+V_{in2}) \qquad (2.11)$$

となり，V_{in1} と V_{in2} の和に比例した電圧が V_{out} として出力される．負の符号を正の符号に変えたい場合は，図 2.7 の出力端子に逆相増幅回路である図 2.6 の入力端子を接続し，図 2.6 の出力端子から電圧を取り出せばよい．

図 2.7 の回路は入力信号の和に比例した電圧を出力する回路であるので**加算回路**と呼ばれている．この回路の入力信号とそれに接続されている抵抗を増やせば，3 個あるいはそれ以上の数の入力信号の和を出力する回路を構成することができる．

演算増幅器を用いれば加算回路だけでなく，減算回路も構成することができる．まず，図 2.5 の正相増幅回路と図 2.6 の逆相増幅回路が，入力信号が加えられる端子が異なるだけで，基本的には同じ回路構造であることに着目する．すなわち，非反転入力端子に加えられた入力信号は位相が同じ出力信号となり，抵抗 R_2 を介して反転入力端子に加えられた入力信号は位相が反転した出力信

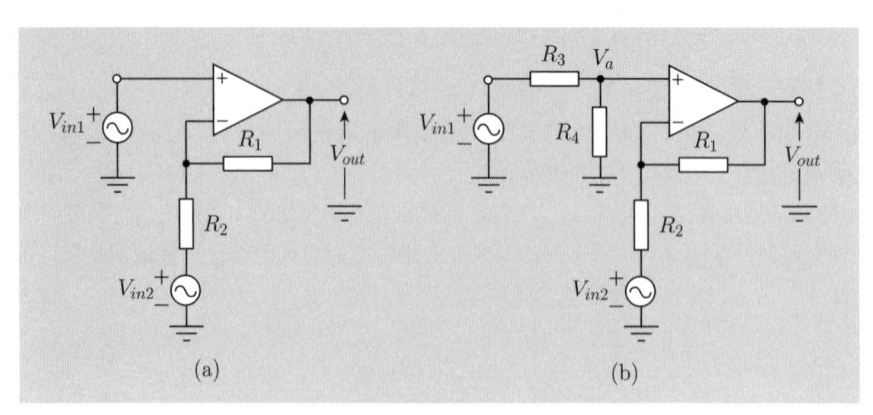

図 2.8 演算増幅器を用いた減算回路

号となるので，重ね合わせの理から出力には2個の入力信号の差が現れることが予想できる．以上の考察に基づいて，図2.8(a) の回路について考えると，重ね合わせの理から出力電圧 V_{out} は

$$V_{out} = \frac{R_1 + R_2}{R_2} V_{in1} - \frac{R_1}{R_2} V_{in2} \quad (2.12)$$

となる．このままでは，V_{in1} と V_{in2} の正確な差を得ることができない．そこで，図 2.8(a) とは異なり，直接入力信号を演算増幅器の非反転入力端子に加えるのではなく，図 2.8(b) に示すとおりに2個の抵抗 R_3 および R_4 からなる回路を介して入力信号を加えることにする．図 2.8(b) において V_a は

$$V_a = \frac{R_4}{R_3 + R_4} V_{in1} \quad (2.13)$$

となるので，この V_a を式 (2.12) の V_{in1} と置き換えれば，図 2.8(b) の V_{out} が求められる．したがって，V_{out} は

$$V_{out} = \frac{(R_1 + R_2) R_4}{R_2 (R_3 + R_4)} V_{in1} - \frac{R_1}{R_2} V_{in2} \quad (2.14)$$

となる．さらに，$R_1 R_3 = R_2 R_4$ とすると，

$$V_{out} = \frac{R_1}{R_2} (V_{in1} - V_{in2}) \quad (2.15)$$

という式が得られ，$V_{in1} - V_{in2}$ に比例した電圧が出力されることがわかる．

演算増幅器は増幅回路や加算回路，減算回路を容易に構成できるだけでなく，積分回路や微分回路なども構成することができる．たとえば，積分回路は図 2.6 の抵抗 R_1 を容量に置き換えることにより実現することができる．図 2.9 に演算増幅器を用いた積分回路を示す．電流 I_r は，式 (2.6) と等しく

$$I_r = \frac{V_{in}}{R_2} \quad (2.16)$$

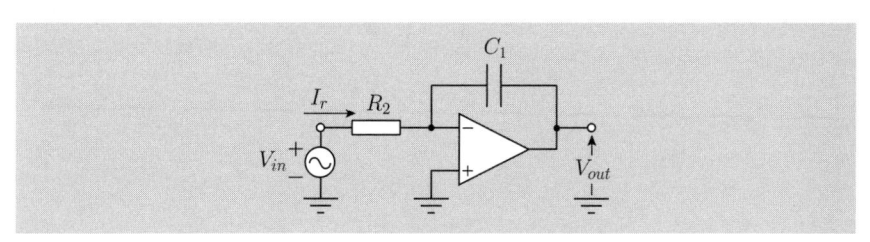

図 2.9　演算増幅器を用いた積分回路

となる.この電流がすべて容量 C_1 に流れ込むので出力電圧 V_{out} は

$$V_{out} = -\int \frac{I_r}{C_1} dt = -\frac{1}{C_1 R_2} \int V_{in} dt \tag{2.17}$$

となり,入力電圧を積分した値に比例する.

この式は,積分回路の特性を時間 t の関数として表している.一方,複素表示を用いれば,積分回路の特性を角周波数 ω の関数として表すこともできる.電流 I_r は変わらないが,V_{out} と I_r の関係は,容量 C_1 のインピーダンス $1/j\omega C_1$ を用いると

$$V_{out} = -\frac{1}{j\omega C_1} I_r \tag{2.18}$$

となる.したがって,V_{out} と V_{in} の関係を

$$V_{out} = -\frac{1}{j\omega C_1 R_2} V_{in} \tag{2.19}$$

と表すことができる.積分回路は,後の章で説明するフィルタや発振回路などの構成に利用される.

■ 例題 2.3
図 2.9 の回路において,角周波数 ω が $1/(10 C_1 R_2)$,$1/(C_1 R_2)$,$10/(C_1 R_2)$ それぞれのときの複素表示された出力電圧と入力電圧の比 V_{out}/V_{in} を求めよ.さらに,その絶対値と偏角も求めよ.

【解答】式 (2.19) に $\omega = 1/(10 C_1 R_2), 1/(C_1 R_2), 10/(C_1 R_2)$ を代入すると,V_{out}/V_{in} はそれぞれ $1/10j$,$1/j$,$10/j$ となる.したがって,それらの絶対値は $1/10$,1,10 であり,偏角はすべて -90 度となる.

2 章 の 問 題

□**1** ナレータ1個と抵抗などを用いた回路を一つ示し，キルヒホッフの法則が成り立たなくなることを確認せよ．同様に，ノレータ1個と抵抗などを用いた回路を一つ示し，キルヒホッフの法則が成り立たなくなることを確認せよ．

□**2** 図 2.10 において，V_{in}/I_{in} を求めよ．

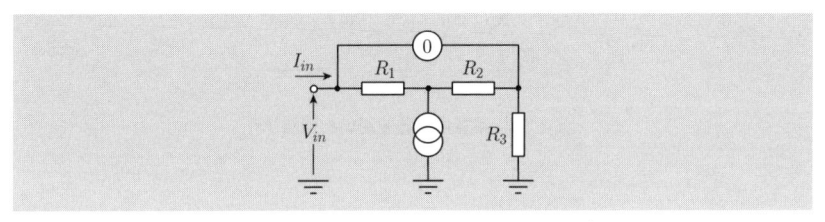

図 2.10　ナレータとノレータを用いた回路

□**3** 図 2.11 において，演算増幅器の仮想短絡の性質が成り立つと仮定し，V_{in}/I_{in} を求めよ．

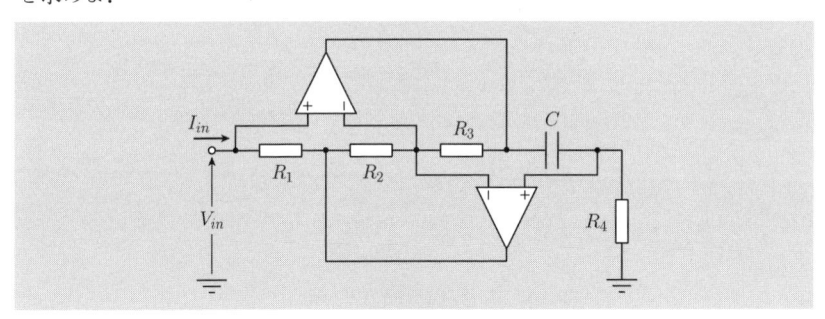

図 2.11　演算増幅器を用いた回路 (1)

□**4** 図 2.12 において，演算増幅器の仮想短絡の性質が成り立つと仮定し，V_{out}/V_{in} を求めよ．さらに，$|V_{out}/V_{in}|$ を求めよ．

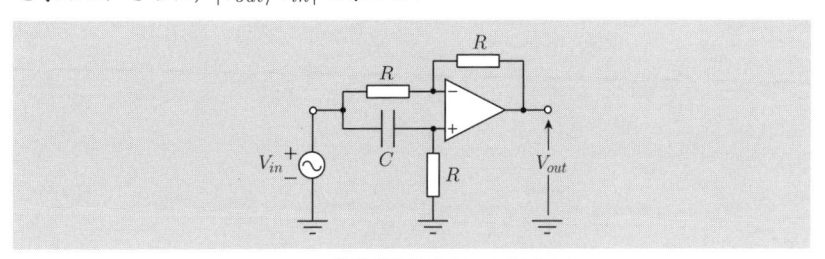

図 2.12　演算増幅器を用いた回路 (2)

□ **5** 図 2.13 において,演算増幅器の仮想短絡の性質が成り立つと仮定し,V_{out}/V_{in} を求めよ.

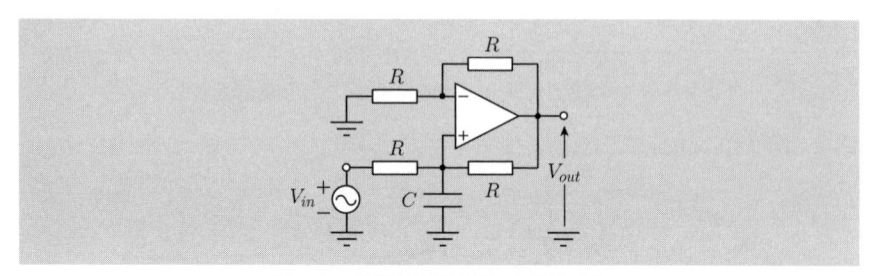

図 2.13 演算増幅器を用いた回路 (3)

第3章

トランジスタと増幅作用

前章では,演算増幅器を用いた増幅回路や積分回路などの解析について説明した.演算増幅器の内部にはトランジスタが使われている.本章では,まず,トランジスタを含む半導体素子の構造や特性について説明する.さらに,学習したトランジスタの特性から,トランジスタを用いて信号をどのように増幅するかについて説明する.

3.1 半導体素子
3.2 トランジスタを用いた増幅回路
3.3 トランジスタのモデリング

3.1 半導体素子

半導体素子には，pn 接合ダイオード，バイポーラトランジスタ，MOS トランジスタなどがある．本節では，これらの半導体素子の特性の概要について述べる．

■3.1.1 pn 接合ダイオード

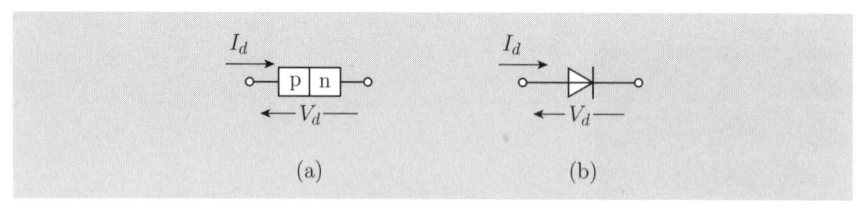

図 3.1 に pn 接合ダイオードの構造と記号を示す．図 3.1(a) に示すとおり，pn 接合ダイオードは p 型半導体と呼ばれる領域と n 型半導体と呼ばれる領域から構成されている．一般に半導体中には，負の電荷を持つ**自由電子**と呼ばれる粒子と正の電荷を持つ**正孔**あるいは**ホール**と呼ばれる粒子が存在する．これらの粒子を総称して**キャリア**と呼ぶ[1]．p 型半導体では単位体積当たりの正孔の数が自由電子の数よりも多い．逆に，n 型半導体では単位体積当たりの自由電子の数が正孔の数よりも多い．この粒子の数の違いから電気的な偏りが生じ，pn 接合ダイオードを流れる電流 I_d は

$$I_d = I_S \left\{ \exp\left(\frac{qV_d}{kT}\right) - 1 \right\} \quad (3.1)$$

と表されることが知られている．ただし，q は単位電荷 (1.6×10^{-19} [C])，k はボルツマン定数 (1.38×10^{-23} [J·K^{-1}])，T は絶対温度である[2]．

pn 接合ダイオードの特性は，式 (3.1) に示すとおり，指数関数を用いて表されるため，pn 接合ダイオードを含む回路の解析は難しい．実際に，式 (3.1) を

図 3.1 pn 接合ダイオードの構造と記号

---

[1] キャリアとは電荷を運ぶ粒子という意味である．正孔は電子の抜け穴であるが，正の電荷を持った粒子と考える．詳細は他書を参照のこと．

[2] 単位は C がクーロン，J がジュール，K がケルビンである．なお，摂氏 27 度は約 300 K である．

3.1 半導体素子

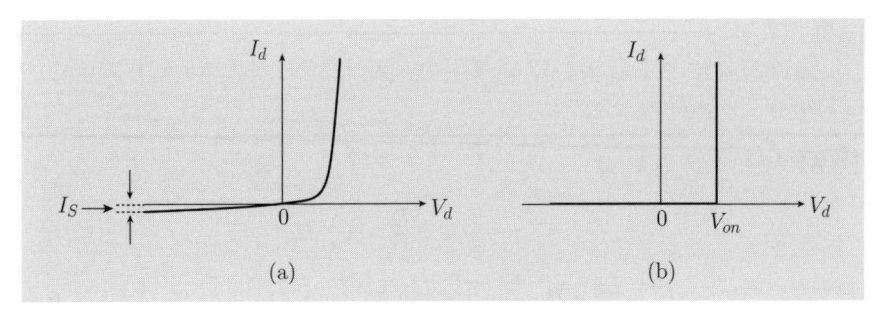

図 3.2 pn 接合ダイオードの特性と近似

用いた場合，ほとんどの pn 接合ダイオードを含む回路は解析することができない．そこで，pn 接合ダイオードの特性を近似する．図 3.2(a) は式 (3.1) の特性の概略を表している．電流が流れやすい方向に pn 接合ダイオードに電圧を加えることを**順方向バイアス**，電流が流れにくい方向に電圧を加えることを**逆方向バイアス**と呼ぶ．図 3.2(a) からわかるように，pn 接合ダイオードの電流は急激に変化する．逆に，電流の変化に対して電圧はあまり変化をしない．実際に，$T=300$ [K] としたとき，式 (3.1) から電流が 10 倍になるために必要な電圧変化は約 60 mV となる．すなわち，pn 接合ダイオードの電流を実用的な範囲内で変化させても電圧は一定と近似することができる．このように近似した特性を図 3.2(b) に示す．この図は，電流が流れているときは pn 接合ダイオードの電圧 V_d が V_{on} に等しく，電流が流れていないときは V_d が V_{on} 以下の任意の値を取ることを表している．シリコン半導体では，V_{on} は 0.7 V 程度の値を取る．図 3.2(b) の特性を用いれば，pn 接合ダイオードを含む回路の解析を比較的容易に行うことができる．

■ 例題 3.1

式 (3.1) において，$I_S = 1.0$ [fA]，$T = 300$ [K] とし，V_d が 0.64 V，0.70 V，0.76 V のときの I_d を求めよ．

【解答】 式 (3.1) から V_d が 0.64 V，0.70 V，0.76 V のときの I_d はそれぞれ約 55 μA，0.56 mA，5.7 mA となる．

例題 3.2

式 (3.1) において, $I_S = 1.0\,[\mathrm{fA}]$, $T = 300\,[\mathrm{K}]$ とし, I_d が 0.25 mA, 0.50 mA, 1.0 mA のときの V_d を求めよ.

【解答】 式 (3.1) から V_d は

$$V_d = \frac{kT}{q} \ln\left(\frac{I_d}{I_S} + 1\right) \tag{3.2}$$

となる. この式から I_d が 0.25 mA, 0.50 mA, 1.0 mA のときの V_d はそれぞれ約 0.68 V, 0.70 V, 0.71 V となる.

■3.1.2 バイポーラトランジスタ

バイポーラトランジスタは p 型半導体と n 型半導体の 3 層から構成されている. 図 3.3(a) は, n 型半導体に p 型半導体が挟まれた構造である npn トランジスタを, 図 3.3(b) は p 型半導体に n 型半導体が挟まれた構造である pnp トランジスタを表している. いずれのバイポーラトランジスタにおいても, B と書かれた端子が接続されている半導体が**ベース**, E が**エミッタ**, C が**コレクタ**である. また, それぞれの端子はエミッタ端子, ベース端子, コレクタ端子と呼ばれている.

(a) npnトランジスタ (b) pnpトランジスタ

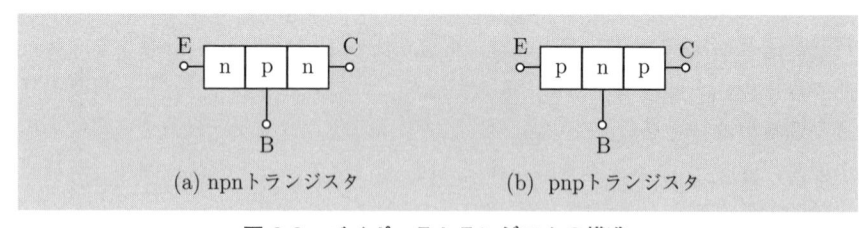

図 3.3 バイポーラトランジスタの構造

npn トランジスタと pnp トランジスタは電圧と電流の向きが逆になるだけで, その動作原理は変わらないので, ここでは npn トランジスタを増幅回路の構成に用いる方法について説明する. 図 3.4 に示すとおり, npn トランジスタのベースとエミッタの間に順方向バイアスを加える. このようにすると, 直流電圧源から供給される自由電子がエミッタからベースに向かって移動する. この自由電子の動きがエミッタ電流 I_E である. また, ベースからは正孔が供給さ

3.1 半導体素子

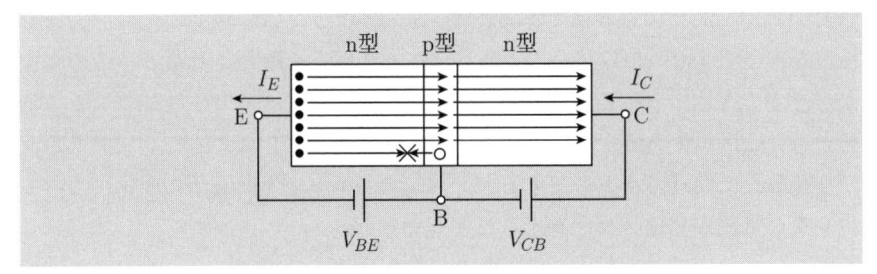

図 3.4 バイポーラトランジスタの動作原理

れる．ベースは p 型半導体ではあるが，単位体積当たりの正孔の数は，エミッタの自由電子の数よりも極めて少なく作られている．このため，エミッタ端子からベースに移動してきた自由電子のほとんどは正孔とは出会わず，ベースとコレクタの境界まで到達する．ただし，エミッタ端子から来た自由電子のごくわずかはベース端子から来た正孔と出会い，消滅する[3]．このキャリアの動きがベース電流 I_B となる．一方，ベースとコレクタの間には逆方向バイアスが加えられており，ベースとコレクタの境界まで到達した自由電子はベース・コレクタ間の電圧 V_{CB} によってコレクタ端子まで到達する．この自由電子の動きがコレクタ電流 I_C である．

以上の説明を式を用いて表すと

$$I_E = I_B + I_C \tag{3.3}$$

となる．また，コレクタ電流 I_C はエミッタ電流 I_E に比例し

$$I_C = \alpha I_E \tag{3.4}$$

と表すことができる．この比例定数 α は**ベース接地電流増幅率**と呼ばれており，0.98 から 0.995 程度の値である．さらに，式 (3.3) と式 (3.4) から I_E を消去すると

$$I_C = \frac{\alpha}{1-\alpha} I_B = \beta I_B \tag{3.5}$$

という式が得られる．β は $\alpha/(1-\alpha)$ であり，**エミッタ接地電流増幅率**と呼ば

---

[3] 電子の抜け穴である正孔に自由電子が入り，自由電子と正孔が消滅する．この消滅を**再結合**と呼ぶ．

れている．α が 1 に近い値であるため，β は 50 から 200 程度の比較的大きな値となる．式 (3.5) からわかるように，ベース電流を変化させると，その変化が β 倍されてコレクタ電流に現れる．この特性がバイポーラトランジスタで増幅が行える所以である．このように，ベース電流の変化によってコレクタ電流が変化したという考え方もできるが，ベース・エミッタ間電圧の変化によってコレクタ電流が変化したと考えることもできる．

図 3.5 にバイポーラトランジスタの記号を示す．この図では，電流が電位の高い方から低い方へと流れることに注目し，npn トランジスタでは一般に電位が高いコレクタを上に，電位が低いエミッタを下にしている．pnp トランジスタでは，npn トランジスタと逆向きに電流が流れるので，エミッタを上，コレクタを下にしている．

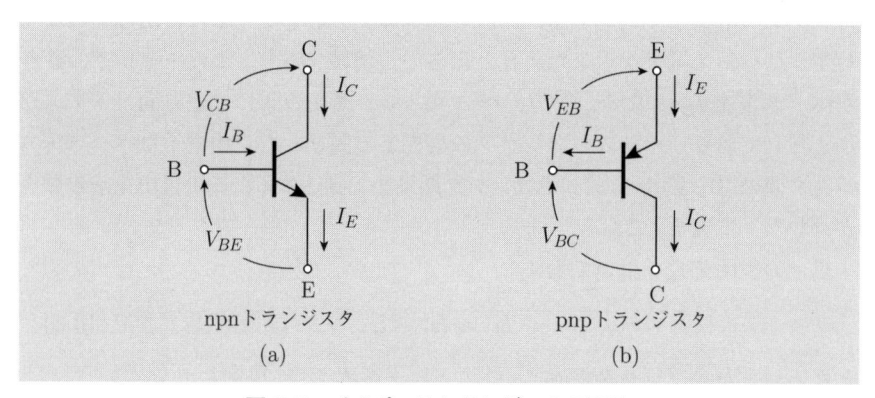

図 3.5　バイポーラトランジスタの記号

■ 例題 3.3

図 3.5(a) において，エミッタ電流 I_E を $50\,\mu\mathrm{A}$，β を 49 とする．このとき，ベース電流 I_B とコレクタ電流 I_C を求めよ．

【解答】$\beta = \alpha/(1-\alpha)$ であるので α は

$$\alpha = \frac{\beta}{\beta+1} = 0.98 \tag{3.6}$$

となる．したがって，式 (3.4) からコレクタ電流 I_C が $49\,\mu\mathrm{A}$ であることがわかる．さらに，式 (3.3) からベース電流 I_B が $1.0\,\mu\mathrm{A}$ となる．

3.1 半導体素子

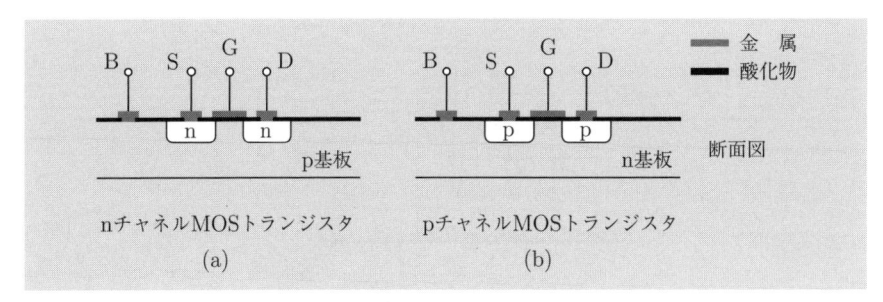

図3.6 MOSトランジスタの構造

■3.1.3 MOSトランジスタ

図3.6にMOSトランジスタの構造を示す．MOSトランジスタにも，バイポーラトランジスタと同様に，電圧と電流の向きが逆である**nチャネルMOSトランジスタ**と**pチャネルMOSトランジスタ**の2種類がある．MOSトランジスタには，金属(Metal)，酸化物(Oxide)，半導体(Semiconductor)の3層構造が存在し，これらの頭文字を取ってMOSトランジスタという名前が付けられている．この3層構造はMOS構造と呼ばれ，MOSトランジスタの動作に関して重要な働きをしている．図3.6において，Gと書かれた端子が接続されている金属が**ゲート**，Sと書かれた端子が接続されている半導体が**ソース**，Dが**ドレイン**である．また，それぞれの端子はゲート端子，ソース端子，ドレイン端子と呼ばれている．なお，Bと書かれた端子はバルク端子あるいはサブストレート端子と呼ばれており，通常はこの端子に電流が流れ込まないように，ソースあるいは直流電圧源に接続して用いる．このため，MOSトランジスタは4端子素子ではあるが，本書ではバルク端子はソース端子に短絡されているものとして，MOSトランジスタを3端子素子として扱う．

nチャネルMOSトランジスタを例に，MOSトランジスタの動作原理について説明する．MOSトランジスタのドレインとソースの間だけに電圧を加えても，ドレインとゲート下の半導体あるいはソースとゲート下の半導体がpn接合ダイオードと同じ構造をしているため，このままでは電流は流れない．そこで，図3.7に示すとおり，ゲートとソースの間にも電圧を加える．ただし，図3.7では簡単のため，ソースを接地している．ゲートとソースの間に正の電圧を加えると，正の電荷を持つ正孔は退けられ，負の電荷を持つ自由電子が引きつけら

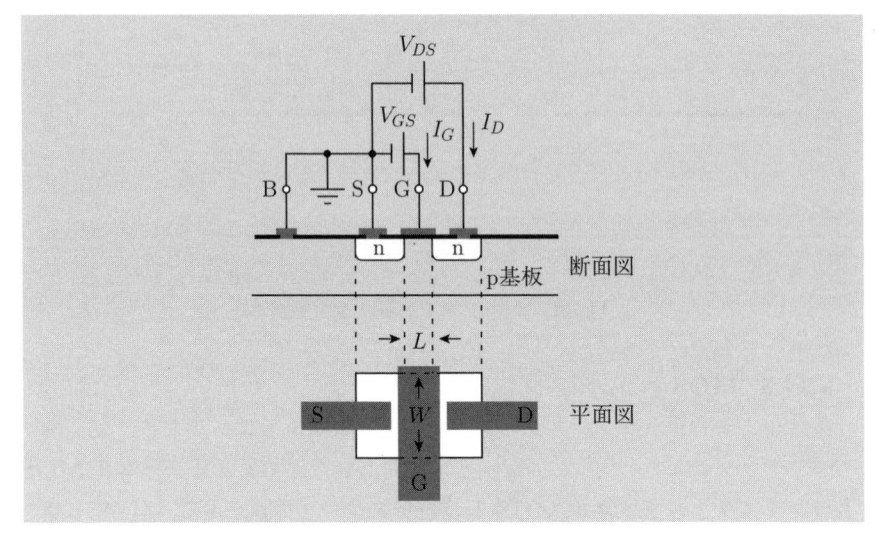

図 3.7　MOS トランジスタの動作原理

れる．やがて，ゲート・ソース間電圧 V_{GS} がある値を超えると，単位体積当たりの自由電子の数が正孔の数を上回る．すなわち，ゲート下の半導体の上部が p 型から n 型に変化する．この結果，ドレインとソースが n 型半導体で結ばれ，ドレイン・ソース間に電圧を加えることにより電流が流れる．ゲート下の半導体が p 型から n 型に変わる境目のゲート・ソース間電圧を**しきい電圧**と呼び，ゲート下の n 型半導体に変化した領域は，電流の通り道となることから**チャネル**と呼ばれる[4]．すなわち，この MOS トランジスタはチャネルが n 型半導体であるため，n チャネル MOS トランジスタと呼ばれている．チャネルの幅 W を**チャネル幅**，チャネルの長さ L を**チャネル長**と呼び，これらは MOS トランジスタを用いた回路の設計において最も重要なパラメータである．

　MOS トランジスタのゲートはバイポーラトランジスタのベースに，ソースはエミッタに，ドレインはコレクタに対応している．MOS トランジスタとバ

---

[4]　一般に多用される n チャネル MOS トランジスタのしきい電圧は正，p チャネル MOS トランジスタでは負であり，これらの MOS トランジスタを**エンハンスメント型**と呼ぶ．これらと反対の極性のしきい電圧となる MOS トランジスタは**ディプリーション型**と呼ばれ，ゲート・ソース間電圧が零でもドレイン電流が流れ得る．

イポーラトランジスタで異なる点は，ゲート下の酸化物が絶縁体であるため，ゲートに電流が流れないことである．すなわち，I_G は常に

$$I_G = 0 \tag{3.7}$$

である．このため，MOS トランジスタはゲート・ソース間電圧 V_{GS} によってドレイン電流 I_D を制御する素子と考えられる．

ドレイン電流は，ゲート・ソース間電圧とドレイン・ソース間電圧の大小関係によって表される式が異なる．n チャネル MOS トランジスタの場合，しきい電圧を V_T とすると，$V_{GS} - V_T > V_{DS} \geq 0$ のとき，I_D は

$$I_D = 2K\left(V_{GS} - V_T - \frac{V_{DS}}{2}\right)V_{DS} \tag{3.8}$$

と表される．式 (3.8) において，V_{DS} が $V_{GS} - V_T$ よりも十分小さい場合，ドレイン電流 I_D が V_{DS} にほぼ比例することから，$V_{GS} - V_T > V_{DS} \geq 0$ が成り立つ範囲を**抵抗領域**あるいは**非飽和領域**と呼ぶ．

一方，$V_{DS} \geq V_{GS} - V_T > 0$ のとき，I_D は

$$I_D = K(V_{GS} - V_T)^2 \tag{3.9}$$

と表され，この式は **2 乗則**と呼ばれている．また，式 (3.9) では，V_{DS} を大きくしても I_D が変化しないことから，$V_{DS} \geq V_{GS} - V_T > 0$ が成り立つ範囲を**飽和領域**と呼ぶ．

p チャネル MOS トランジスタでは，n チャネル MOS トランジスタと電気的極性が反転するので，非飽和領域は $V_{SG} + V_T > V_{SD} \geq 0$ であり，I_D は

$$I_D = 2K\left(V_{SG} + V_T - \frac{V_{SD}}{2}\right)V_{SD} \tag{3.10}$$

と表される．また，飽和領域は $V_{SD} \geq V_{SG} + V_T > 0$ であり，このとき I_D は

$$I_D = -K(V_{SG} + V_T)^2 \tag{3.11}$$

と表される[5]．

式 (3.8) から式 (3.11) の K は**トランスコンダクタンスパラメータ**あるいは**トランスコンダクタンス係数**と呼ばれ，チャネル幅 W とチャネル長 L によって

---

[5] 式 (3.8) から式 (3.11) の導出は他書を参照のこと．

$$K = K_0 \frac{W}{L} \tag{3.12}$$

と表される．ここで，K_0 は**単位トランスコンダクタンス係数**と呼ばれており，MOSトランジスタを形成するプロセスによって決まる定数である．

式 (3.9) や式 (3.11) は，飽和領域で動作する MOS トランジスタのドレイン電流を表す最も簡単な近似式である．より正確にドレイン電流を表すために，たとえば，式 (3.9) の代わりに

$$I_D = K(V_{GS} - V_T)^2(1 + \lambda V_{DS}) \tag{3.13}$$

という式を用いることがある．この式において，λ は**チャネル長変調係数**と呼ばれており，V_{DS} によって実質的なチャネル長が変化する効果を表している．この効果を**チャネル長変調効果**と呼ぶ[6]．

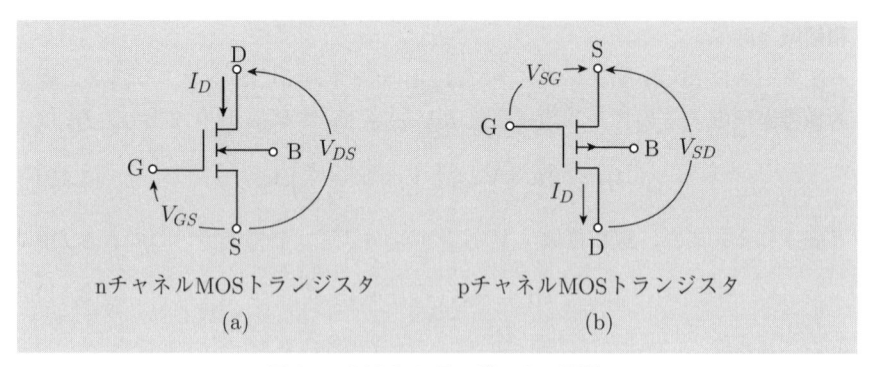

MOSトランジスタの記号を図 3.8 に示す．MOSトランジスタでは，ドレインとソースはドレイン電流の流れる向きによって区別されている．n チャネル MOS トランジスタの場合は，相対的に電位の高い領域をドレイン，電位の低い領域をソースと定義し，ドレイン電流はドレインからソースへ流れる．したがって，ドレイン・ソース間電圧 V_{DS} は必ず零以上である．一方，p チャネル MOS トランジスタの場合は，相対的に電位の高い領域をソース，電位の低い

nチャネルMOSトランジスタ	pチャネルMOSトランジスタ
(a)	(b)

図 3.8　MOS トランジスタの記号

---

[6] ソース端子とバルク端子の間に電位差があると，ドレイン電流は式 (3.9) や式 (3.13) から偏差する．この効果を**基板バイアス効果**と呼ぶ．ただし，本書では，すべての場合にソース端子とバルク端子は短絡して扱うので，この効果については考えない．

3.1 半導体素子

領域をドレインと定義し，ドレイン電流はソースからドレインへ流れる．また，ソース・ドレイン間電圧 V_{SD} は必ず零以上である．

■ **例題 3.4**

図 3.8(a) において，ドレイン・ソース間電圧 V_{DS} を 3.0 V，ゲート・ソース間電圧 V_{GS} を 0.80 V とする．さらに，トランスコンダクタンス係数 K を 500 μS/V，しきい電圧 V_T を 0.50 V としたとき，ドレイン電流 I_D を求めよ．また，ドレイン・ソース間電圧 V_{DS} だけを 0.20 V に変えたときのドレイン電流も求めよ．

【解答】 $V_{DS} = 3.0\,[\mathrm{V}]$ のとき $V_{DS} \geq V_{GS} - V_T > 0$ が成り立つので，MOS トランジスタは飽和領域で動作している．したがって，式 (3.9) からドレイン電流 I_D は 45 μA となる．また，V_{DS} を 0.20 V にすると，$V_{GS} - V_T \geq V_{DS} \geq 0$ となるので，MOS トランジスタは非飽和領域で動作し，式 (3.8) からドレイン電流 I_D は 40 μA となる． ■

☕ **トランジスタの歴史**

トランジスタの歴史については諸説あるが，一般には 1947 年に John Bardeen と Walter Brattain による点接触型トランジスタの発明が始まりと言われている．このトランジスタは，半導体に 2 本の針を立てる構造をしていたため，実用に適していなかった．1951 年に，点接触型ダイオードの問題を改良した，バイポーラトランジスタを William Shockley が発表し，1954 年にはシリコンを使ったバイポーラトランジスタが市販されている．さらに，1960 年に Dawong Kahng と Martin Atalla によって MOS トランジスタが発明され，その後，トランジスタは集積回路の時代を迎える．ちなみに，いずれの発明もアメリカのベル研究所でなされている．

3.2 トランジスタを用いた増幅回路

本節では，トランジスタを用いた増幅回路の例を示し，信号増幅がどのように行われるかについて説明する．

■3.2.1 トランジスタを用いた増幅回路の構成

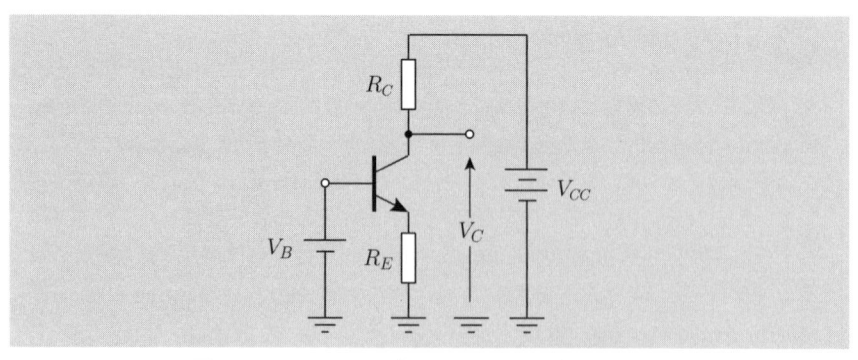

図 3.9 に npn トランジスタを用いた増幅回路の一例を示す．V_B や V_{CC} は，前節で説明したとおり，npn トランジスタを増幅回路の構成に用いるために必要となる電圧源である．すなわち，これらの電源はベース・エミッタ間を順方向バイアス，ベース・コレクタ間を逆方向バイアスしている．

この回路において，ベース・エミッタ間電圧はほぼ一定と考えてよいので，エミッタ電流 I_E は

$$I_E = \frac{V_B - V_{BE}}{R_E} \tag{3.14}$$

となる．また，ベース電流 I_B がエミッタ電流 I_E やコレクタ電流 I_C に比べて十分小さいとして無視すると，コレクタ電流 I_C はエミッタ電流 I_E に等しくなる．この近似から，コレクタ端子の電位 V_C は

$$V_C = V_{CC} - R_C I_C = V_{CC} - R_C I_E = V_{CC} - \frac{(V_B - V_{BE})R_C}{R_E} \tag{3.15}$$

と表される．

図 3.9 npn トランジスタを用いた増幅回路の例

3.2 トランジスタを用いた増幅回路

次に，ベース・エミッタ間が順方向バイアス，ベース・コレクタ間が逆方向バイアスされているという条件を満たす範囲で V_B を $V_B + v_{in}$ へと変化させる．この v_{in} が入力電圧である．一般に電子回路では，小文字は大きさが小さい信号，大文字は大きさが大きい信号を表す．大きさが小さい信号を**小信号**と呼び，大きさが大きい信号を**大信号**と呼ぶ．入力電圧を小文字で表しているのはバイアスの条件などを変えないほど十分に小さな値であることを暗に示している．

V_B が $V_B + v_{in}$ へと変化すると，エミッタ電流 I_E は

$$I_E = \frac{V_B + v_{in} - V_{BE}}{R_E} \tag{3.16}$$

となる．上述したとおりに，I_C が I_E に等しいと近似すれば，コレクタ電位 V_C は

$$V_C = V_{CC} - \frac{(V_B + v_{in} - V_{BE})R_C}{R_E} \tag{3.17}$$

となる．V_B が変化する前と変化した後の V_C の変化が出力電圧である．出力電圧を v_{out} とすると，v_{out} は

$$v_{out} = -\frac{R_C}{R_E} v_{in} \tag{3.18}$$

となる．この式から明らかなように，R_E よりも R_C を大きな値に選べば，v_{in} よりも絶対値が大きな v_{out} が得られる．また，マイナスの符号は図3.9の増幅回路が逆相増幅回路であることを表している．すなわち，直流電圧成分まで考慮したとき，図3.9の増幅回路では，V_B が増加したとき，V_C は減少し，V_B が減少したとき，V_C が増加する．

上述の解析方法において，npnトランジスタのベース電流は零で，コレクタ電流とエミッタ電流は等しく，さらにベース・エミッタ間電圧は一定であると近似している．このことは，前章で学んだナレータとノレータを用いた図3.10(a)に示す回路にnpnトランジスタを置き換えたことに相当する．pnpトランジスタの場合は，npnトランジスタと電気的な極性が反転することから，図3.10(b)の回路に置き換えて解析すればよい．これらの回路は，直流成分などの振幅の大きな信号を扱うため，**大信号モデル**と呼ばれている[7]．

---

[7] 直流モデルと呼ばれることもあるが，直流成分だけでなく，交流成分を解析するときにも用いることができるので，ここでは大信号モデルと呼ぶ．

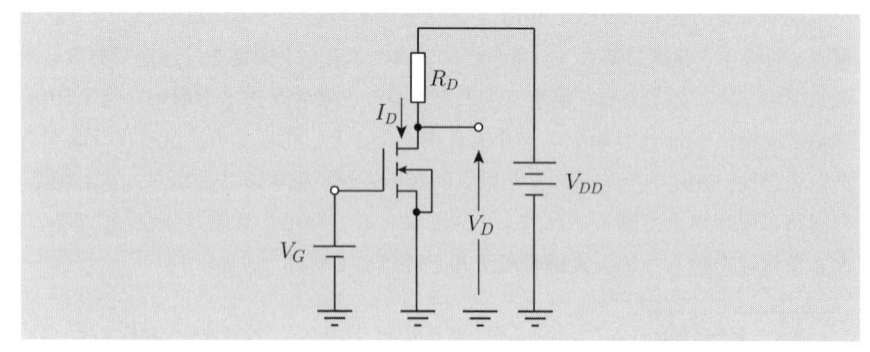

図 3.11 に n チャネル MOS トランジスタを用いた増幅回路の一例を示す．図 3.11 は，図 3.9 の npn トランジスタが n チャネル MOS トランジスタに置き換わり，さらに解析を簡単にするためソースと接地間を短絡している．MOS トランジスタはバイポーラトランジスタと異なり，その特性を線形素子だけで表すことが難しいので，図 3.11 のような簡単な回路でも解析が複雑となる．

n チャネル MOS トランジスタを増幅回路の構成に用いる場合，一般には飽和領域で動作させる．図 3.11 においても，直流電圧源 V_G と V_{DD} は n チャネル MOS トランジスタが飽和領域で動作する値に設定されているものとする．飽和領域で動作している MOS トランジスタでは 2 乗則が成り立つ．図 3.11 ではゲート・ソース間電圧が V_G であるので，ドレイン電流 I_D は

$$I_D = K(V_G - V_T)^2 \tag{3.19}$$

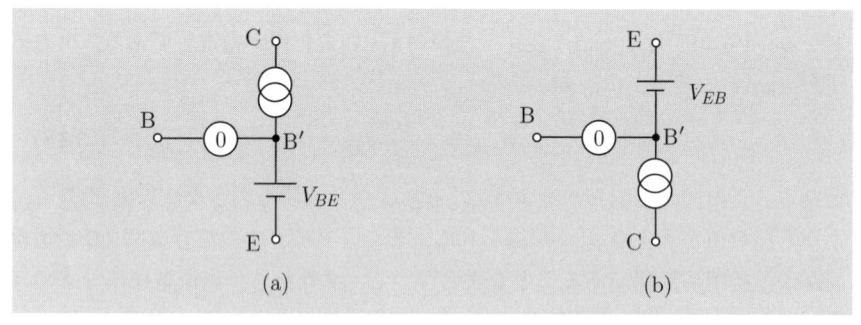

図 3.10 バイポーラトランジスタの大信号モデル

図 3.11 n チャネル MOS トランジスタを用いた増幅回路の例

と表される.したがって,ドレイン端子の電位 V_D は

$$V_D = V_{DD} - R_D I_D = V_{DD} - R_D K (V_G - V_T)^2 \tag{3.20}$$

となる.

npn トランジスタを用いた増幅回路の場合と同様に,V_G を入力電圧である v_{in} だけ変化させて,V_D の変化から出力電圧 v_{out} を求める.式 (3.19) の V_G に $V_G + v_{in}$ を代入すると,I_D は

$$I_D = K(V_G + v_{in} - V_T)^2 \tag{3.21}$$

となり,V_D は

$$V_D = V_{DD} - R_D K (V_G + v_{in} - V_T)^2 \tag{3.22}$$

となる.この式から v_{out} を

$$v_{out} = -2R_D K (V_G - V_T) v_{in} - R_D K v_{in}^2 \tag{3.23}$$

と求めることができる.

式 (3.23) から明らかなように,v_{out} は v_{in} に比例する成分だけでなく,v_{in}^2 を含む成分も存在する.これは,MOS トランジスタの特性が線形素子で表すことができないことによる.ただ,n チャネル MOS トランジスタが飽和領域で動作するためには,v_{in} の絶対値は $V_G - V_T$ よりも小さくなければならない.そこで,v_{in} が $2(V_G - V_T) \gg v_{in}$ という関係を満足しているという条件を加えれば,式 (3.23) を

$$v_{out} = -2R_D K (V_G - V_T) v_{in} \tag{3.24}$$

と近似することができる.この式は npn トランジスタを用いた増幅回路の解析で得られた式 (3.18) に相当し,$2R_D K (V_G - V_T)$ が 1 よりも大きければ図 3.11 の回路は増幅作用があることがわかる.

■ 例題 3.5

電子回路では 10%未満の誤差を許容する場合が多い．このことを踏まえて，図 3.11 において式 (3.24) を用いて見積もった v_{out} と式 (3.23) を用いて見積もった v_{out} の差が 10%未満となる v_{in} の振幅の最大値を求めよ．ただし，$2R_DK(V_G - V_T)$ を 15，R_DK を $25\,\mathrm{V}^{-1}$ とする．

【解答】式 (3.24) を用いて見積もった v_{out} と式 (3.23) を用いて見積もった v_{out} の差が 10%未満となればよいので

$$2R_DK(V_G - V_T)v_{in} \times 0.10 > R_DKv_{in}^2 \tag{3.25}$$

が成り立つ必要がある．v_{in} は正と負の値を取り得るが，振幅を考えているので正の場合のみを考えれば十分である．したがって，v_{in} は

$$0.20(V_G - V_T) > v_{in} \tag{3.26}$$

でなければならない．$(V_G - V_T) = 15/(2 \times 25) = 0.30\,[\mathrm{V}]$ なので v_{in} の振幅の最大値は $60\,\mathrm{mV}$ となる．

3.3 トランジスタのモデリング

図 3.11 の回路は比較的簡単な回路であるため,近似を用いて式 (3.24) を導くことができたが,トランジスタを複数用いたより複雑な回路では,V_D などを導出した後に近似をすると,解析が極めて煩雑になり,見通しが悪い.そこで,近似とトランジスタの特性の関係について考える.

飽和領域で動作する n チャネル MOS トランジスタの特性は

$$I_D = K(V_{GS} - V_T)^2 \tag{3.27}$$

と表されることは既に説明した.ここで,V_{GS} を $V_{GS} + v_{gs}$ に変化させると,I_D は

$$I_D + i_d = K(V_{GS} - V_T)^2 + 2K(V_{GS} - V_T)v_{gs} + Kv_{gs}^2 \tag{3.28}$$

となる.ただし,i_d は V_{GS} に v_{gs} の変化を与えたときのドレイン電流 I_D の変化分である.式 (3.28) において,v_{gs} が $2(V_{GS} - V_T)$ よりも十分小さいならば,i_d を

$$i_d = 2K(V_{GS} - V_T)v_{gs} \tag{3.29}$$

と近似することができる.この式はゲート・ソース間の電圧変化にドレイン電流の変化が比例することを表している.ある 2 節点間の電圧から電流の値が決まる素子を**電圧制御電流源**と呼び,一般に図 3.12(a) の記号が用いられる[8].ただし,図 3.12(a) において,g_m は

$$g_m = 2K(V_{GS} - V_T) \tag{3.30}$$

であり,**伝達コンダクタンス**と呼ばれている.図 3.12(a) は電圧制御電流源の記号であるが,MOS トランジスタの微小変化に関する特性も表している.さらに,図 3.12(a) は,ナレータとノレータを用いて図 3.12(b) に等価変換することができる.ただし,r_s は

$$r_s = \frac{1}{g_m} \tag{3.31}$$

である.図 3.12(a) や (b) を MOS トランジスタの**小信号モデル**と呼ぶ.

---

[8] 電圧制御電流源以外にも,**電圧制御電圧源**,**電流制御電流源**,**電流制御電圧源**があり,これらを総称して**制御電源**と呼ぶ.

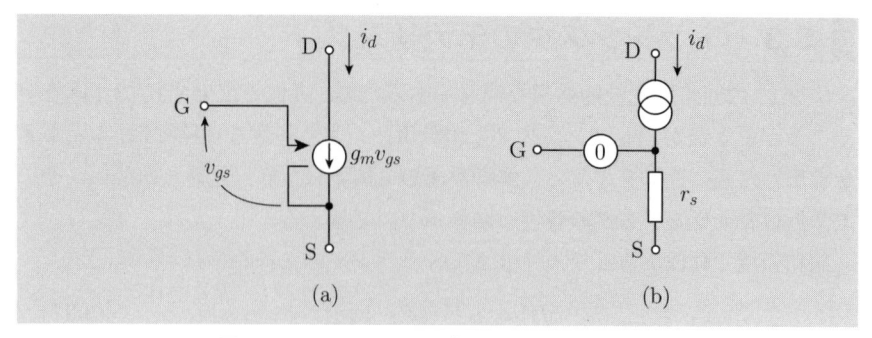

図 3.12 MOS トランジスタの小信号モデル

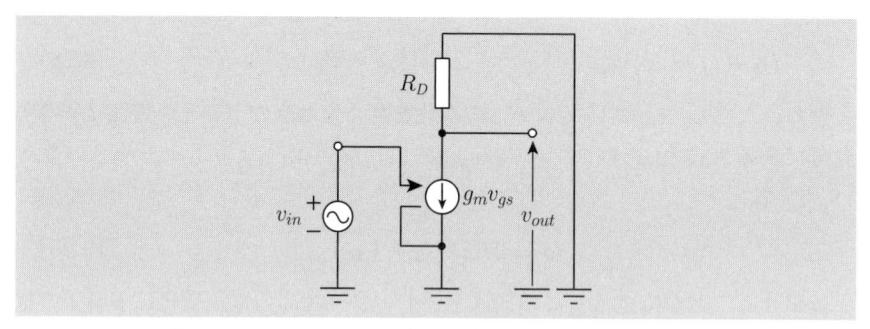

図 3.13 MOS トランジスタ増幅回路の小信号モデル

MOS トランジスタの小信号モデルを使うと，図 3.11 の回路は図 3.13 に描き替えることができる．ただし，図 3.11 の直流電圧源の両端に現れる電圧は常に一定であるので電圧の変化は生じず，任意の電流が流れることから，信号成分に関しては短絡と等価である．このため，図 3.13 では直流電圧源が短絡されている．電圧 v_{out} の正の向きと電流 $g_m v_{gs}$ の正の向きに注意すると，$v_{gs} = v_{in}$ であることから出力電圧 v_{out} が

$$v_{out} = -g_m R_D v_{in} \tag{3.32}$$

であることがわかる．この結果は式 (3.24) と一致している．

バイポーラトランジスタは図 3.10 に示すモデルで表されることは既に説明した．図 3.10 のモデルにおいても，ベース・エミッタ間の電圧が一定であるという近似が用いられている．実際にはエミッタ電流が変化すれば，ベース・エミッ

タ間の電圧は変化するので，小信号に関しては，図 3.10 のモデルで用いられている近似の精度は低い．そこで，バイポーラトランジスタについても，MOS トランジスタと同様に，小信号モデルを求める．

バイポーラトランジスタのベース・エミッタ間は pn 接合ダイオードと同じ特性であるので，エミッタ電流 I_E はベース・エミッタ間電圧 V_{BE} を用いて

$$I_E = I_{ES}\left\{\exp\left(\frac{qV_{BE}}{kT}\right) - 1\right\} \tag{3.33}$$

と表すことができる．ただし，I_{ES} はベース・エミッタ間の逆方向飽和電流である．ここで，MOS トランジスタと同様に，V_{BE} を $V_{BE} + v_{be}$ に変化させると，I_E は

$$\begin{aligned}I_E + i_e &= I_{ES}\left[\exp\left\{\frac{q(V_{BE}+v_{be})}{kT}\right\} - 1\right] \\ &= I_{ES}\left\{\exp\left(\frac{qV_{BE}}{kT}\right)\exp\left(\frac{qv_{be}}{kT}\right) - 1\right\}\end{aligned} \tag{3.34}$$

となる．ただし，i_e は V_{BE} に v_{be} の変化を与えたときのエミッタ電流 I_E の変化分である．式 (3.34) において，$\exp(qv_{be}/kT)$ をテイラー展開すると

$$I_E + i_e = I_{ES}\left[\exp\left(\frac{qV_{BE}}{kT}\right)\left\{1 + \left(\frac{qv_{be}}{kT}\right) + \frac{1}{2!}\left(\frac{qv_{be}}{kT}\right)^2 + \frac{1}{3!}\left(\frac{qv_{be}}{kT}\right)^3 + \cdots\right\} - 1\right] \tag{3.35}$$

となる．この式において，qv_{be}/kT の 2 乗以上の項が十分小さいとして無視できれば

$$i_e = \frac{qI_{ES}}{kT}\exp\left(\frac{qV_{BE}}{kT}\right)v_{be} \tag{3.36}$$

という式が得られる．この式もベース・エミッタ間の電圧変化にエミッタ電流の変化が比例することを表しており，MOS トランジスタと同様に，その特性を図 3.14(a) や (b) に示すモデルで表すことができる．ただし，g_m は

$$g_m = \frac{qI_{ES}}{kT}\exp\left(\frac{qV_{BE}}{kT}\right) \simeq \frac{qI_E}{kT} \tag{3.37}$$

であり，$\exp(qV_{BE}/kT) \gg 1$ という近似を用いている．また，r_e は g_m の逆数であり，**エミッタ抵抗**と呼ばれている．

式 (3.29) や式 (3.36) は v_{gs} や qv_{be}/kT の 2 乗以上の項が十分小さいとして無視した結果，得られた式である．これらの項を無視することは微小変化だけ

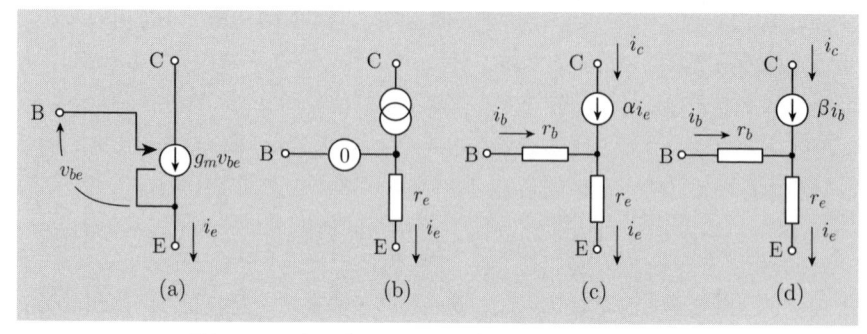

図 3.14　バイポーラトランジスタの小信号モデル

に着目していることに相当するので，式 (3.29) や式 (3.36) はそれぞれ微分を用いて

$$i_d = \frac{dI_D}{dV_{GS}} v_{gs} \tag{3.38}$$

$$i_e = \frac{dI_E}{dV_{BE}} v_{be} \tag{3.39}$$

と表すこともできる．

　図 3.14(a) や (b) はベース接地電流増幅率 α が 1 であると近似した図 3.10 のモデルから導かれているが，α を 1 に近似しない場合のモデルとして図 3.14(c) が用いられる．図 3.14(c) では，**ベース広がり抵抗**と呼ばれるベース領域の抵抗分 r_b も考慮されている．また，電流源 αi_e はエミッタ電流 i_e の α 倍の電流を流す電流制御電流源である．さらに，図 3.14(d) はベース電流 i_b を用いて図 3.14(c) の電流源 αi_e を等価的に表したモデルである．

　図 3.14(b) のバイポーラトランジスタの小信号モデルを用いると，図 3.9 の回路は図 3.15 に描き替えることができる．ただし，図 3.11 の場合と同様に，直流電圧源を短絡している．ナレータの性質から，抵抗 r_e と R_E の直列回路に加わる電圧は v_{in} であるので，i_e が

$$i_e = \frac{v_{in}}{r_e + R_E} \tag{3.40}$$

となる．この i_e は，抵抗 R_C に流れる電流でもあるので，電圧 v_{out} の正の向きと電流 i_e の正の向きに注意すると，出力電圧 v_{out} が

$$v_{out} = -\frac{R_C}{r_e + R_E} v_{in} \tag{3.41}$$

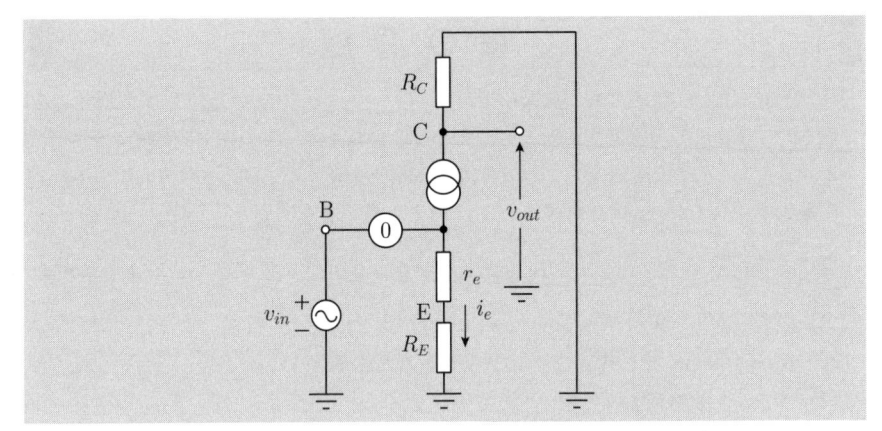

図 3.15 バイポーラトランジスタ増幅回路の小信号モデル

であることがわかる．この結果は，式 (3.41) において r_e を零[9]とすれば，式 (3.18) と一致する．

■ 例題 3.6
図 3.14(c) のバイポーラトランジスタの小信号モデルを用いた場合について，式 (3.41) に相当する v_{in} と v_{out} の関係を導出せよ．

【解答】 $i_b = (1-\alpha)i_e$ であるので

$$v_{in} = r_b i_b + (r_e + R_E)i_e = \{(1-\alpha)r_b + r_e + R_E\}i_e \tag{3.42}$$

が成り立つ．この式から i_e を求めると，v_{out} を

$$v_{out} = -R_C \times \alpha i_e = -\frac{\alpha R_C}{(1-\alpha)r_b + r_e + R_E}v_{in} \tag{3.43}$$

と表すことができる． ■

---

[9] r_e を零とすることは，ベース・エミッタ間を直流電圧源に置き換えることに相当する．

3 章 の 問 題

☐ **1** 絶対温度が 300 K のとき，pn 接合ダイオードに 0.70 V の電圧を加えたところ，順方向に 1.0 mA の電流が流れた．この pn 接合ダイオードの逆方向飽和電流を求めよ．また，この pn 接合ダイオードに加える電圧を変えたところ，順方向に 0.10 mA の電流が流れた．pn 接合ダイオードに加えた電圧を求めよ．

☐ **2** 図 3.5(a) において，I_B が 20 μA，I_E が 1.0 mA であった．α と β を求めよ．

☐ **3** n チャネル MOS トランジスタの特性が式 (3.7)，式 (3.8)，式 (3.9) で与えられ，$K = 100\,[\mu\mathrm{S/V}]$，$V_T = 0.50\,[\mathrm{V}]$ であるとする．
(1) $V_{GS} = 0.20\,[\mathrm{V}]$ のとき
(2) $V_{GS} = 0.70\,[\mathrm{V}]$ のとき
(3) $V_{GS} = 1.0\,[\mathrm{V}]$ のとき
それぞれについて，V_{DS} を 0.0 V から 3.0 V まで変化させたときの I_D を図示せよ．

☐ **4** 式 (3.13) に基づいて，飽和領域で動作する n チャネル MOS トランジスタの小信号モデルを導出し，それぞれの素子値をドレイン電流 I_D とドレイン・ソース間電圧 V_{DS}，トランスコンダクタンス係数 K，チャネル長変調係数 λ を用いて表せ．

☐ **5** 図 3.16 は**ダーリントン接続**と呼ばれ，2 個のバイポーラトランジスタを 1 個のバイポーラトランジスタとして用いる方法を示している．それぞれのバイポーラトランジスタの小信号モデルが図 3.14(d) であるとき，図 3.16 の 2 個のバイポーラトランジスタを 1 個のバイポーラトランジスタとして用いた場合の等価的なエミッタ接地電流増幅率 i_c/i_b を求めよ．

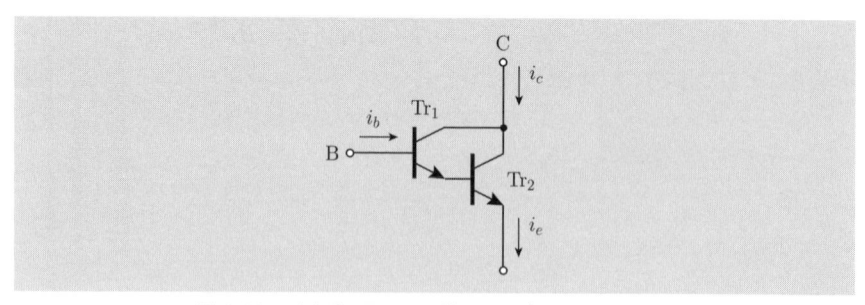

図 3.16 バイポーラトランジスタのダーリントン接続

第4章

基本増幅回路

　多数のバイポーラトランジスタやMOSトランジスタを用いた増幅回路もいくつかの基本的な回路が組み合わされて構成されている．基本的な回路の中で，トランジスタ1個だけを用いて構成した増幅回路を**基本増幅回路**と呼ぶ．バイポーラトランジスタとMOSトランジスタそれぞれにおいて，3種類の基本増幅回路がある．本章では，まず，トランジスタを用いた増幅回路がどのように構成され，どのようにその特性を評価するかについて説明する．さらに，電子回路特有の効率的な解析方法を学び，基本増幅回路の解析を行う．

4.1　MOSトランジスタ基本増幅回路
4.2　バイポーラトランジスタ基本増幅回路

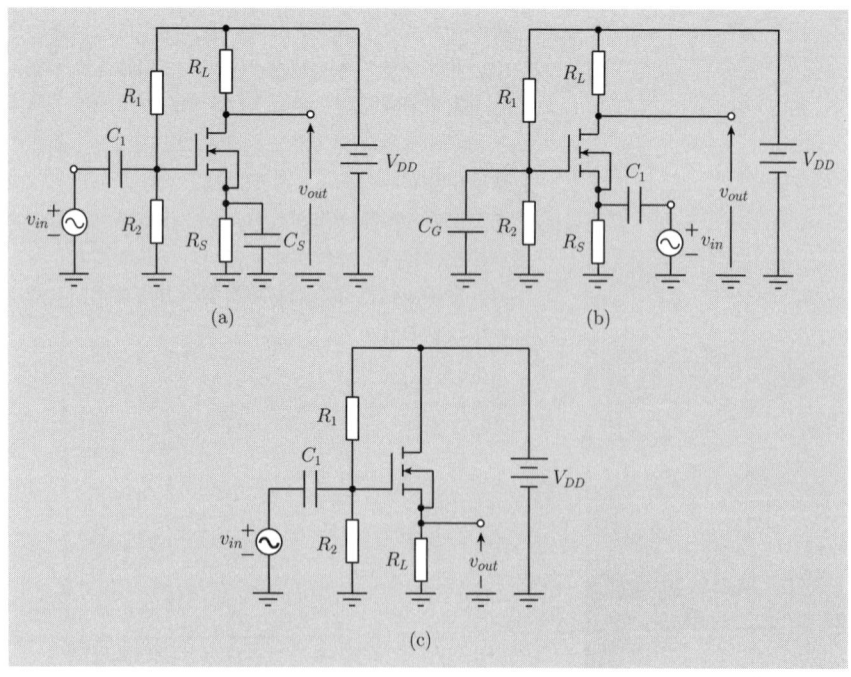

4.1 MOSトランジスタ基本増幅回路

■ 4.1.1 MOSトランジスタ増幅回路の3接地形式

MOSトランジスタを用いた基本増幅回路3種類を図4.1に示す．図4.1(a)は**ソース接地増幅回路**，図4.1(b)は**ゲート接地増幅回路**，図4.1(c)は**ドレイン接地増幅回路**と呼ばれている．増幅作用を示す回路形式はこれら3種類であるため，これらを総称して**3接地形式**と呼ぶ．

これらの回路には，増幅回路として動作させるためにいくつかの工夫がされている．まず，いずれの回路も抵抗 R_1 や R_2 などを用いて，直流電圧源1個だけでも MOS トランジスタが飽和領域で動作するようにしている．また，入力信号 v_{in} を接続することによって直流電流経路が変化しないように，直流電流を通さない容量を介して入力信号を増幅回路に接続している．値が C である容量のインピーダンス Z_C の絶対値は

図 4.1 MOS トランジスタ基本増幅回路

4.1 MOS トランジスタ基本増幅回路

$$|Z_C| = \left|\frac{1}{j\omega C}\right| = \frac{1}{\omega C} \tag{4.1}$$

であるので，信号角周波数 ω が大きくなると，Z_C の絶対値は小さくなるという性質がある．容量のインピーダンスの絶対値が周辺の抵抗などの値と比べて十分小さければ $Z_C = 0$，すなわち，短絡と近似することができる．図 4.1 の C_1 は直流電流は流さずに，入力信号電圧だけを伝える役割をしており，**結合容量**と呼ばれている．一方，容量 C_S や C_G は，直流電圧や直流電流は変えずに，信号成分に関してソース端子やゲート端子を接地する役割をしている．これらの容量を**バイパス容量**と呼ぶ．

■ 例題 4.1
容量値 C を $10\,\mu$F とし，周波数が 1.0 Hz，10 Hz，100 Hz のときの容量のインピーダンスの絶対値 $1/(\omega C)$ を求めよ．

【解答】 $\omega = 2\pi f$ であるので，周波数が 1.0 Hz，10 Hz，100 Hz のときの容量のインピーダンスの絶対値 $1/(\omega C)$ はそれぞれ約 16 kΩ，1.6 kΩ，160 Ω となる． ■

図 4.1 の 3 種類の増幅回路は小信号成分に関して図 4.2 のように表すことができる．この図のように，出力信号を取り出すための抵抗 R_L を**負荷抵抗**と呼ぶ．一般に増幅回路の特性は，**電圧利得，電流利得，電力利得，入力インピーダンス，出力インピーダンス**によって評価される．電圧利得を A_v，電流利得を A_i，電力利得を A_p とし，図 4.2 の v_{in}, i_{in}, v_{out}, i_{out} を用いて，それぞれを表すと

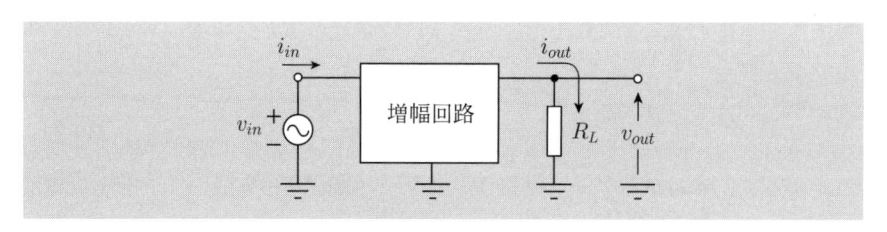

図 4.2 増幅回路の特性を表すパラメータ

$$A_v = \frac{v_{out}}{v_{in}} \tag{4.2}$$

$$A_i = \frac{i_{out}}{i_{in}} \tag{4.3}$$

$$A_p = \frac{v_{out} i_{out}}{v_{in} i_{in}} \tag{4.4}$$

となる．この式からわかるように，電力利得 A_p は電圧利得 A_v と電流利得 A_i の積である．このため，以下では必要がない限り，電力利得の解析は行わない．

また，入力インピーダンス Z_{in} と出力インピーダンス Z_{out} はそれぞれ

$$Z_{in} = \frac{v_{in}}{i_{in}} \tag{4.5}$$

$$Z_{out} = \left. \frac{v_{out}}{-i_{out}} \right|_{v_{in}=0} \tag{4.6}$$

と表される．

■ **4.1.2 ソース接地増幅回路の解析**

図 4.1(a) のソース接地増幅回路の解析を行う．電圧利得や入力インピーダンスなどは，v_{in} や v_{out} などの小信号によって表されているので直流電圧や直流電流とは一見すると無関係に思える．しかし，トランジスタの小信号に関する特性はトランジスタに加えられる直流電圧やトランジスタを流れる直流電流によって決まる．回路の直流電圧や直流電流を求めることを**直流解析**と呼ぶ．増幅回路の解析では，まず初めに直流解析を行わなければならない．

図 4.1(a) のソース接地増幅回路では，抵抗値や直流電圧源 V_{DD} の値はすべて既知であるとする．このとき，ゲートには電流が流れ込まないので，ゲート電位 V_G が

$$V_G = \frac{R_2}{R_1 + R_2} V_{DD} \tag{4.7}$$

と定まる．2 乗則からゲート電位 V_G とソース電位 V_S を用いてドレイン電流 I_D を

$$I_D = K(V_G - V_S - V_T)^2 \tag{4.8}$$

と表すことができる．また，V_S は

$$V_S = R_S I_D \tag{4.9}$$

であるので，この式に式 (4.7) と式 (4.8) を代入すると

$$V_S = R_S K \left(\frac{R_2}{R_1 + R_2} V_{DD} - V_S - V_T \right)^2 \qquad (4.10)$$

という V_S に関する 2 次方程式が得られる．この式から V_S は

$$V_S = \frac{R_2}{R_1 + R_2} V_{DD} - V_T + \frac{1}{2KR_S} \\ \pm \sqrt{\frac{1}{KR_S} \left(\frac{R_2}{R_1 + R_2} V_{DD} - V_T \right) + \frac{1}{4K^2 R_S^2}} \qquad (4.11)$$

となる．解が 2 個あるが，V_G が $R_2 V_{DD}/(R_1 + R_2)$ であることに注意し，ゲート・ソース間電圧 V_{GS}，すなわち，$V_G - V_S$ は V_T よりも大きくなければならないことからマイナスの符号を選べばよいことがわかる．したがって，V_S は

$$V_S = \frac{R_2}{R_1 + R_2} V_{DD} - V_T + \frac{1}{2KR_S} \\ - \sqrt{\frac{1}{KR_S} \left(\frac{R_2}{R_1 + R_2} V_{DD} - V_T \right) + \frac{1}{4K^2 R_S^2}} \qquad (4.12)$$

となり，I_D は $I_D = V_S/R_S$ である．I_D が求められれば，V_D を

$$V_D = V_{DD} - R_L I_D \qquad (4.13)$$

と求めることができる．このとき，素子値によっては V_D が小さくなり，n チャネル MOS トランジスタが飽和領域で動作する条件 $V_{DS} \geq V_{GS} - V_T > 0$ を満足しない場合があるので，V_D，V_G，V_S の大小関係を確認する必要がある．条件を満足していない場合は，素子値の設定をやり直す必要がある[1]．

■ 例題 4.2

図 4.1(a) のソース接地増幅回路において，$V_{DD} = 3.0\,[\mathrm{V}]$，$R_1 = 65\,[\mathrm{k\Omega}]$，$R_2 = 85\,[\mathrm{k\Omega}]$，$R_L = R_S = 20\,[\mathrm{k\Omega}]$，MOS トランジスタのトランスコンダクタンス係数 K を $500\,\mu\mathrm{S/V}$，しきい電圧 V_T を $0.50\,\mathrm{V}$ としたときゲート電位 V_G，ソース電位 V_S，ドレイン電位 V_D を求めよ．

【解答】 式 (4.7) からゲート電位 V_G は $V_G = 1.7\,[\mathrm{V}]$ となる．また，式 (4.12) からソース電位 V_S は $V_S = 0.90\,[\mathrm{V}]$ となる．この V_S から I_D が $I_D = V_S/R_S = 45\,[\mu\mathrm{A}]$ であることがわかる．さらに，ドレイン電位 V_D は式 (4.13) から $V_D = 2.1\,[\mathrm{V}]$ とな

---

[1] 一つの目安として，電圧 $R_L I_D$，V_{DS}，V_S の比が $1:1:0.1\sim0.5$ となるように設計する．

る．V_G, V_S, V_D から $V_{DS} = V_D - V_S \geq V_{GS} - V_T = V_G - V_S - V_T > 0$ という関係となる．したがって，MOS トランジスタが飽和領域で動作しているという仮定が成り立っていることが確認できる． ■

入力信号を加えると，直流解析によって得られた直流成分を中心に入力信号に応じて節点の電位や素子を流れる電流が変化する．変化の中心となる直流成分を**動作点**あるいは**バイアス点**と呼ぶ．直流解析が終わった後に，入力信号によってバイアス点からどの程度変化するかを解析する．この解析を**交流解析**と呼ぶ．交流解析では，MOS トランジスタが飽和領域で動作している場合，トランジスタを図 3.12(a) あるいは (b) に置き換えればよい．また，前章で説明したとおり，直流電圧源は信号成分に対しては短絡と考えてよい．さらに，結合容量やバイパス容量は信号周波数が十分高いと仮定し，短絡する．

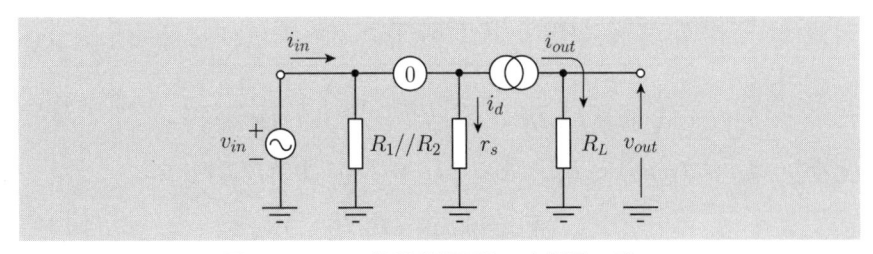

図 4.3 ソース接地増幅回路の小信号モデル

図 3.12(b) の MOS トランジスタのモデルを用いて，図 4.1(a) に以上の操作を行うと，図 4.3 に示すソース接地増幅回路の小信号モデルが得られる．

図 4.3 において，ナレータの性質から電流 i_{in} はすべて並列接続された抵抗 R_1 と R_2 に流れ込む．したがって，入力インピーダンス Z_{in} は

$$Z_{in} = \frac{v_{in}}{i_{in}} = R_1//R_2 \tag{4.14}$$

である[2]．同様に，ナレータの性質を用いると，電圧 v_{in} は抵抗 r_s に加わるので，r_s を流れる電流 i_d は

---

[2] 式 (4.14) の記号「//」は並列接続された抵抗の値を求める演算である．例えば，$R_1//R_2$ は $R_1//R_2 = R_1R_2/(R_1+R_2)$ であり，$R_1//R_2//R_3$ は $R_1//R_2//R_3 = R_1R_2R_3/(R_1R_2+R_2R_3+R_3R_1)$ である．

4.1 MOSトランジスタ基本増幅回路

$$i_d = \frac{v_{in}}{r_s} \tag{4.15}$$

となる．また，出力電圧 v_{out} は

$$v_{out} = R_L i_{out} \tag{4.16}$$

と表され，i_d が $i_d = -i_{out}$ であることに注意すると，電圧利得 A_v は

$$A_v = \frac{v_{out}}{v_{in}} = \frac{-R_L i_d}{v_{in}} = \frac{-R_L}{r_s} \tag{4.17}$$

となる．電圧利得 A_v にマイナスの符号があるので，ソース接地増幅回路は逆相増幅回路であることがわかる．また，$g_m = 1/r_s$ という関係を用いれば

$$A_v = -g_m R_L \tag{4.18}$$

となり，式 (3.24) や式 (3.32) と同じ結果が得られていることがわかる．さらに，電流利得 A_i は，式 (4.14) と式 (4.15) 並びに $i_d = -i_{out}$ であることから

$$A_i = -\frac{R_1//R_2}{r_s} \tag{4.19}$$

となる．

出力インピーダンス Z_{out} については，式 (4.6) から v_{in} を零としたときの状態を考えなければならない．電圧源の値が零ということはその電圧源を短絡除去すればよい．さらに，式 (4.6) は，出力端子を開放するのではなく，電圧源 v_{out} で駆動し，回路に流れ込む電流 $-i_{out}$ で v_{out} を除算した結果が出力インピーダンス Z_{out} であることを表している．これらのことから，出力インピーダンスを求めるための回路として図 4.4 が得られる．

図 4.4 において，ナレータの性質から抵抗 r_s に加わる電圧は零である．したがって，i_d も零となり，電流 $-i_{out}$ は抵抗 R_L に流れる電流であることがわか

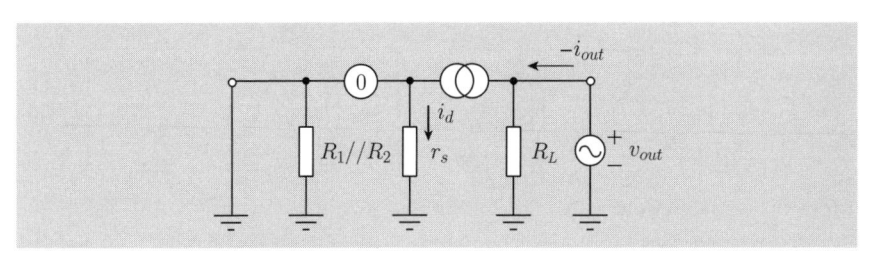

図 4.4　ソース接地増幅回路の出力インピーダンスを求めるための小信号モデル

る．オームの法則から抵抗に加わる電圧と流れ込む電流の比が抵抗値であるので，Z_{out} が

$$Z_{out} = \left.\frac{v_{out}}{-i_{out}}\right|_{v_{in}=0} = R_L \tag{4.20}$$

であることがわかる．

■ 例題 4.3

図 4.1(a) のソース接地増幅回路において，$V_{DD} = 3.0\,[\text{V}]$，$R_1 = 65\,[\text{k}\Omega]$，$R_2 = 85\,[\text{k}\Omega]$，$R_L = R_S = 20\,[\text{k}\Omega]$，MOS トランジスタのトランスコンダクタンス係数 K を $500\,\mu\text{S/V}$，しきい電圧 V_T を $0.50\,\text{V}$ としたとき電圧利得 A_v，電流利得 A_i を求めよ．

【解答】 例題 4.2 と同じ素子値を用いているので，ゲート・ソース間電圧 V_{GS} は $0.80\,\text{V}$ となる．したがって，MOS トランジスタ小信号モデルの電圧制御電流源の伝達コンダクタンス g_m は，式 (3.30) から $g_m = 300\,[\mu\text{S}]$ となる．また，r_s は g_m の逆数であるので $r_s \simeq 3.3\,[\text{k}\Omega]$ である．これらより，電圧利得 A_v，電流利得 A_i はそれぞれ -6.0 倍，約 -11 倍となる． ■

■ 4.1.3 ゲート接地増幅回路の解析

ゲート接地増幅回路において直流解析の手順はソース接地増幅回路と同じであるので，ここでは交流解析だけを行う．まず，ゲート接地増幅回路の小信号モデルを図 4.5(a) に示す．また，図 4.5(b) はゲート接地増幅回路の出力インピーダンスを求めるための小信号モデルである．

図 4.5(a) において，抵抗 r_s の電圧はナレータによって常に抵抗 R_S の電圧と等しいので，入力インピーダンスに関しては，抵抗 R_S と r_s は並列接続され

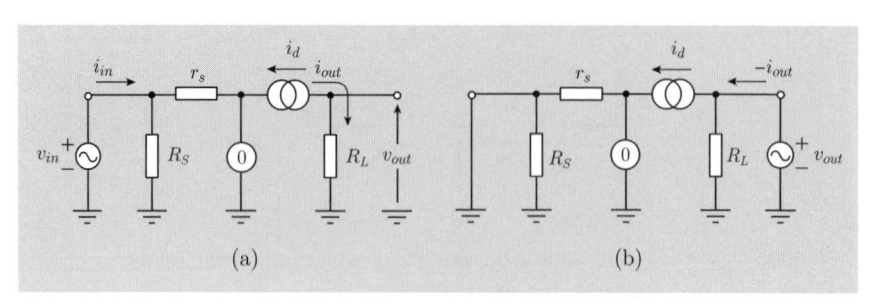

図 4.5 ゲート接地増幅回路の小信号モデル

ていることと等価である．したがって，入力インピーダンス Z_{in} は

$$Z_{in} = \frac{v_{in}}{i_{in}} = R_S // r_s \tag{4.21}$$

となる．また，抵抗 r_s を流れる i_d は

$$i_d = -\frac{v_{in}}{r_s} \tag{4.22}$$

であり，さらに $i_d = -i_{out}$ である．出力電圧 v_{out} は i_{out} と R_L を用いて

$$v_{out} = R_L i_{out} \tag{4.23}$$

と表されるので，電圧利得 A_v は

$$A_v = \frac{R_L}{r_s} \tag{4.24}$$

となる．ソース接地増幅回路では電圧利得は負であったが，ゲート接地増幅回路では電圧利得が正であるので，ゲート接地増幅回路は正相増幅回路であることがわかる．また，ソース接地増幅回路とゲート接地増幅回路の電圧利得の絶対値が等しいこともわかる．さらに，i_d は，抵抗 R_S と r_s によって電流 i_{in} が分流した電流であるので

$$i_d = \frac{-R_S}{R_S + r_s} i_{in} \tag{4.25}$$

と表される．この式と $i_d = -i_{out}$ という関係から，電流利得 A_i は

$$A_i = \frac{R_S}{R_S + r_s} \tag{4.26}$$

となる．すなわち，電流利得の絶対値は 1 よりも小さいため，ゲート接地増幅回路は電流を増幅しない．

次に，図 4.5(b) を用いて，ゲート接地増幅回路の出力インピーダンスを求める．この場合も，ソース接地増幅回路と同様に，抵抗 R_S や r_s に加わる電圧は零であるので，i_d も零となる．電流 $-i_{out}$ はすべて抵抗 R_L に流れ込むので，出力インピーダンス Z_{out} は

$$Z_{out} = R_L \tag{4.27}$$

である．

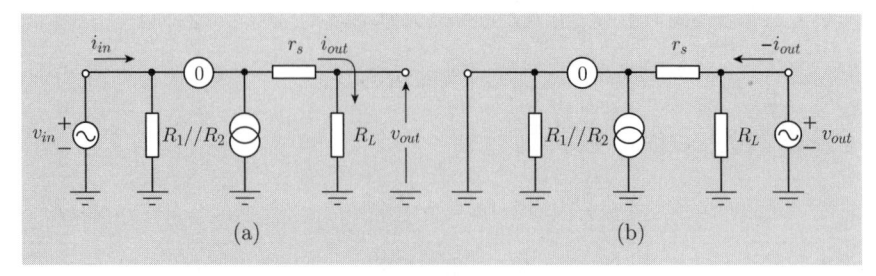

図 4.6 ドレイン接地増幅回路の小信号モデル

■ 4.1.4 ドレイン接地増幅回路の解析

ドレイン接地増幅回路においても直流解析の手順はソース接地増幅回路と同じであるので，交流解析だけを行う．図 4.6(a) にドレイン接地増幅回路の小信号モデルを，図 4.6(b) にドレイン接地増幅回路の出力インピーダンスを求めるための小信号モデルを示す．

ソース接地増幅回路と同様に，ナレータの性質から電流 i_{in} は並列接続された抵抗 R_1 と R_2 にすべて流れ込むので，入力インピーダンス Z_{in} は

$$Z_{in} = R_1 // R_2 \tag{4.28}$$

である．また，ナレータの性質から，抵抗 r_s と R_L の直列回路に電圧 v_{in} が加わるので，抵抗 R_L を流れる電流 i_{out} は

$$i_{out} = \frac{1}{r_s + R_L} v_{in} \tag{4.29}$$

であることがわかる．したがって，電圧利得 A_v は

$$A_v = \frac{R_L}{r_s + R_L} \tag{4.30}$$

となる．この式から，ドレイン接地増幅回路は電圧を増幅しないことがわかる．

一般的な設計では，伝達コンダクタンス g_m の逆数である r_s は R_L と比較して小さいため，A_v は 1 に近い値になる．このため，ドレイン接地増幅回路の出力端子であるソース端子の電位変化はドレイン接地増幅回路の入力端子であるゲート端子の電位変化とほぼ等しくなる．このことから，ドレイン接地増幅回路を**ソースフォロワ**と呼ぶ．

次に，電流利得を求めると，i_{in} が抵抗 R_1 と R_2 の並列回路に流れる電流であり，i_{out} が式 (4.29) で与えられることから，電流利得 A_i が

$$A_i = \frac{R_1//R_2}{r_s + R_L} \tag{4.31}$$

となる．

最後に，図 4.6(b) を用いて，ドレイン接地増幅回路の出力インピーダンスを求める．抵抗 r_s の電圧は，ゲート接地増幅回路の入力インピーダンスを求めたときと同様に，ナレータによって常に抵抗 R_L の電圧と等しいので，出力インピーダンスに関しては，抵抗 r_s と R_L は並列接続されていることと等価である．したがって，出力インピーダンス Z_{out} は

$$Z_{out} = r_s//R_L \tag{4.32}$$

となる．

■4.1.5 MOS トランジスタ基本増幅回路の比較

前項までの解析結果から，ソース接地増幅回路とゲート接地増幅回路は電圧増幅作用があり，ソース接地増幅回路とドレイン接地増幅回路は電流増幅作用があることがわかる．したがって，電力増幅にはソース接地増幅回路が適している．入力インピーダンスについては，MOS トランジスタのゲートに電流が流れ込まないため，ソース接地増幅回路とドレイン接地増幅回路の入力インピーダンスがゲート接地増幅回路のそれと比較して高い．出力インピーダンスについては，ドレイン接地増幅回路の出力インピーダンスがソース接地増幅回路やゲート接地増幅回路のそれと比較して低い．

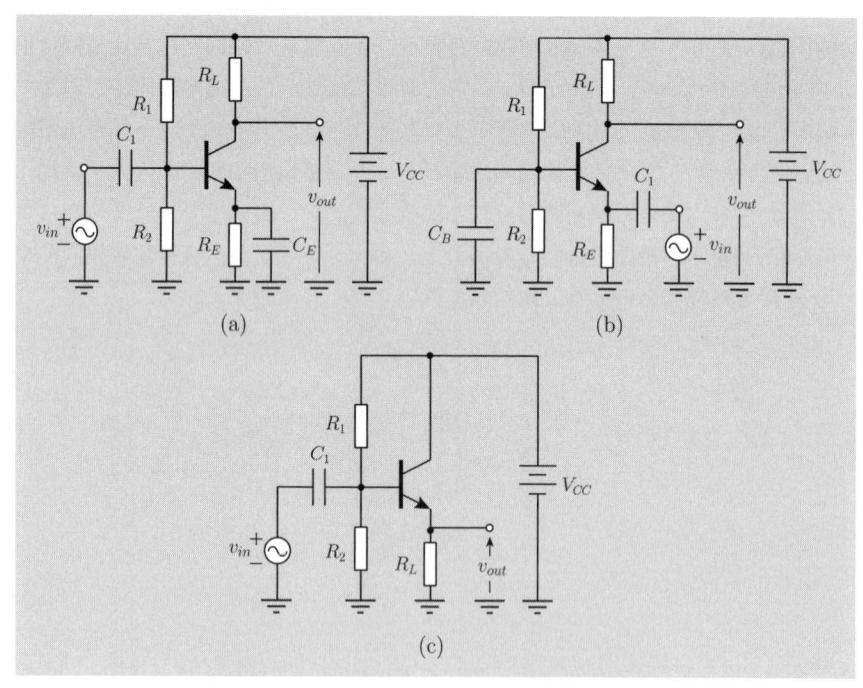

4.2 バイポーラトランジスタ基本増幅回路

■ 4.2.1 バイポーラトランジスタ増幅回路の3接地形式

バイポーラトランジスタを用いた基本増幅回路3種類を図4.7に示す．図4.7(a)は**エミッタ接地増幅回路**，図4.7(b)は**ベース接地増幅回路**，図4.7(c)は**コレクタ接地増幅回路**と呼ばれている．MOSトランジスタ増幅回路と同様に，これらも総称して3接地形式と呼ばれている．また，エミッタ接地増幅回路はソース接地増幅回路に，ベース接地増幅回路はゲート接地増幅回路に，コレクタ接地増幅回路はドレイン接地増幅回路に対応している．図4.7のC_1は結合容量であり，一方，容量C_EやC_Bはバイパス容量である．

前章で導出したバイポーラトランジスタの小信号モデルである図3.14(b)とMOSトランジスタの小信号モデルである図3.12(b)は同じ構造をしているの

図4.7　バイポーラトランジスタ基本増幅回路

で，図 3.14(b) の小信号モデルを用いてバイポーラトランジスタの 3 接地形式について交流解析を行うと，MOS トランジスタ増幅回路の 3 接地形式の交流解析の結果と一致する．そこで，少し複雑にはなるが，図 3.14(c) や (d) に示すバイポーラトランジスタの小信号モデルを用いて交流解析を行う．

■4.2.2 エミッタ接地増幅回路の解析

まず，図 4.7(a) のエミッタ接地増幅回路の直流解析を行わなければならない．ただし，バイポーラトランジスタが増幅作用を示すことを前提に，ベース・エミッタ間は順方向バイアス，コレクタ・ベース間は逆方向バイアスになっていると仮定する．

直流解析をするために，図 4.7(a) のバイポーラトランジスタを図 3.10(a) の大信号モデルに置き換える．この結果，得られた回路を図 4.8 に示す．V_{CC}，V_{BE}，R_1，R_2，R_L，R_E が既知であるとすると，まず，ベース電位 V_B が

$$V_B = \frac{R_2}{R_1 + R_2} V_{CC} \tag{4.33}$$

であることがわかる．さらに，ナレータの性質からその両端の電位は等しいので，エミッタ電位 V_E が

$$V_E = V_B - V_{BE} \tag{4.34}$$

となる．これより，抵抗 R_E に流れるエミッタ電流 I_E は $I_E = V_E/R_E$ であ

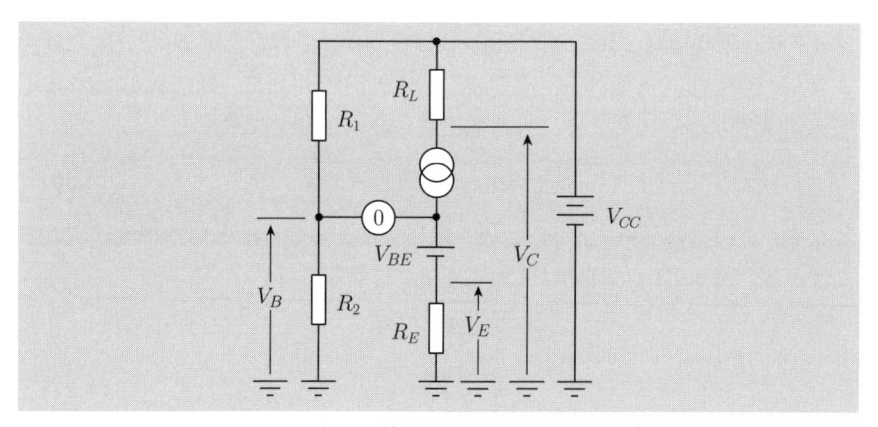

図 4.8 エミッタ接地増幅回路の大信号モデル

り，抵抗 R_L に流れるコレクタ電流 I_C と等しいので，コレクタ電位 V_C は

$$V_C = V_{CC} - R_L I_C$$
$$= V_{CC} - \frac{R_L}{R_E} V_E \tag{4.35}$$

となる．

■ **例題 4.4** ──────────────────────────

図 4.7(a) のエミッタ接地増幅回路において，$V_{CC} = 3.0\,[\text{V}]$，$R_1 = 65\,[\text{k}\Omega]$，$R_2 = 85\,[\text{k}\Omega]$，$R_L = R_E = 20\,[\text{k}\Omega]$，バイポーラトランジスタのベース・エミッタ間電圧 V_{BE} を 0.70 V としたとき，ベース電位 V_B，エミッタ電位 V_E，コレクタ電位 V_C を求めよ．

【**解答**】 式 (4.33) からゲート電位 V_B は $V_B = 1.7\,[\text{V}]$ となる．また，ナレータの性質からエミッタ電位 V_E は $V_E = 1.0\,[\text{V}]$ である．この V_E からエミッタ電流 I_E が $I_E = V_E/R_E = 50\,[\mu\text{A}]$ であることがわかる．さらに，コレクタ電位 V_C は式 (4.35) から $V_C = 2.0\,[\text{V}]$ となる．ベース・エミッタ間は V_{BE} が正であるので順方向バイアス，またコレクタ・ベース間は $V_C > V_B$ であるので逆方向バイアスされている．したがって，バイポーラトランジスタは適切な動作領域にバイアスされていることが確認できる．■

図 3.14(d) のバイポーラトランジスタ小信号モデルを用いたエミッタ接地増幅回路の小信号モデルを図 4.9 に示す．

まず，エミッタ接地増幅回路の入力インピーダンスを求める．図 4.9(a) では，ソース接地増幅回路と異なり，電流 i_{in} は並列接続された抵抗 R_1 と R_2 だけではなく，抵抗 r_b にも流れる．そこで，図 4.9(b) を用いて，抵抗 r_b に流れる電流 i_b の影響について考える．入力電圧 v_{in} を i_b を用いて表すと

$$v_{in} = r_b i_b + r_e(1+\beta)i_b \tag{4.36}$$

となる．この式に従って，v_{in} という電圧を加えると，i_b という電流が流れることから，図 4.9(b) の回路は入力電圧 v_{in} に対して

$$Z_b = \frac{v_{in}}{i_b}$$
$$= r_b + (1+\beta)r_e \tag{4.37}$$

という値の抵抗と同じ働きをしていることがわかる．すなわち，入力インピー

4.2 バイポーラトランジスタ基本増幅回路

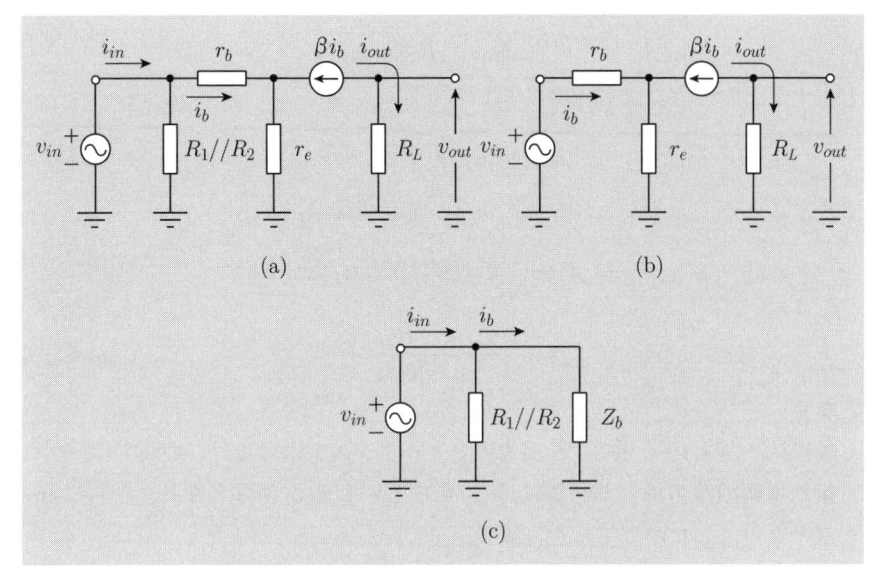

図 4.9 エミッタ接地増幅回路の小信号モデル

ダンスだけを考えるのであれば，図 4.9(a) の回路は図 4.9(c) の回路と等価となる．図 4.9(c) の回路は単に抵抗 R_1 と R_2 と Z_b の並列回路であるので，図 4.7(a) のエミッタ接地増幅回路の入力インピーダンス Z_{in} は

$$Z_{in} = R_1 // R_2 // Z_b \tag{4.38}$$

であることがわかる．

次に，電圧利得と電流利得を求める．式 (4.36) は図 4.9(b) から導出された式であるが，図 4.9(a) においても成り立つ．また，出力電圧 v_{out} は

$$v_{out} = R_L i_{out} \tag{4.39}$$

であり，$i_{out} = -\beta i_b$ なので，電圧利得 A_v は

$$\begin{aligned} A_v &= \frac{-\beta R_L}{r_b + (1+\beta)r_e} \\ &= \frac{-\beta R_L}{Z_b} \end{aligned} \tag{4.40}$$

となる．また，式 (4.38) を用いると，i_{in} を

$$i_{in} = \frac{v_{in}}{Z_{in}} = \frac{v_{in}}{R_1//R_2//Z_b} \tag{4.41}$$

と表すことができ，式 (4.39) を用いると，i_{out} を

$$i_{out} = \frac{v_{out}}{R_L} \tag{4.42}$$

と表すことができる．これらの式から，電流利得 A_i は

$$\begin{aligned}A_i &= \frac{v_{out}}{R_L} \times \frac{R_1//R_2//Z_b}{v_{in}} \\ &= \frac{-\beta(R_1//R_2//Z_b)}{Z_b}\end{aligned} \tag{4.43}$$

となる．

最後に，図 4.10 を用いて，出力インピーダンスを求める．この図では，ソース接地増幅回路の場合と同様に，v_{in} を零とすると i_b が零となり，さらに βi_b も零となる．したがって，Z_{out} が

$$Z_{out} = R_L \tag{4.44}$$

であることがわかる．

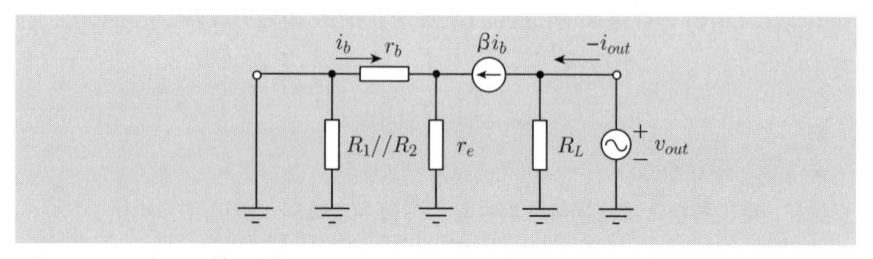

図 4.10 エミッタ接地増幅回路の出力インピーダンスを求めるための小信号モデル

■ 例題 4.5

図 4.7(a) のエミッタ接地増幅回路において，$V_{CC} = 3.0\,[\mathrm{V}]$，$R_1 = 65\,[\mathrm{k\Omega}]$，$R_2 = 85\,[\mathrm{k\Omega}]$，$R_L = R_E = 20\,[\mathrm{k\Omega}]$，バイポーラトランジスタのベース・エミッタ間電圧 V_{BE} を 0.70 V，エミッタ接地電流利得 β を 49，ベース広がり抵抗を $1.0\,\mathrm{k\Omega}$ としたとき電圧利得 A_v と電流利得 A_i を求めよ．

4.2 バイポーラトランジスタ基本増幅回路

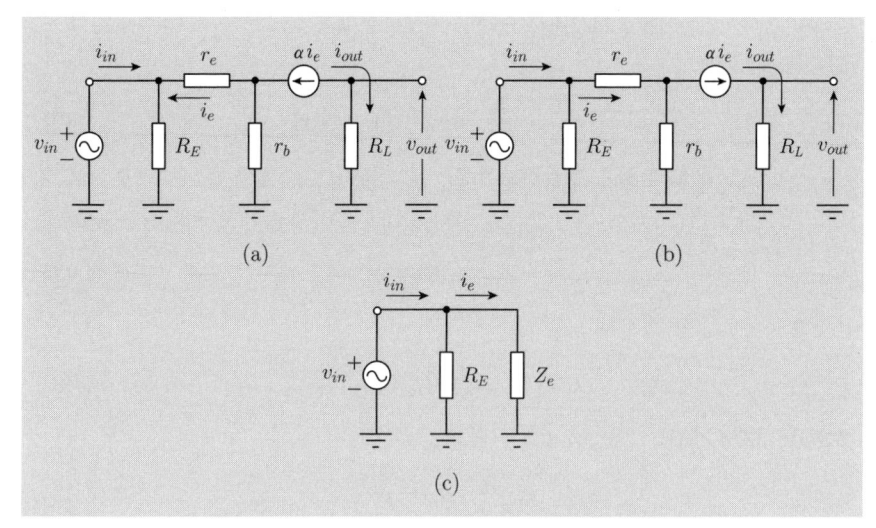

図 4.11　ベース接地増幅回路の小信号モデル

【解答】例題 4.4 と同じ素子値を用いているので，エミッタ電流 I_E は $50\,\mu\text{A}$ である．したがって，バイポーラトランジスタ小信号モデルのエミッタ抵抗 r_e は式 (3.37) の g_m の逆数であるので，$r_e = 520\,[\Omega]$ となる．この結果と r_b が $1.0\,\text{k}\Omega$，β が 49 であることから，電圧利得 A_v，電流利得 A_i はそれぞれ約 -36 倍，-28 倍となる．■

■ 4.2.3　ベース接地増幅回路の解析

図 3.14(c) のバイポーラトランジスタの小信号モデルを用いたベース接地増幅回路の小信号モデルを図 4.11(a) に示す．この図では，ベース接地増幅回路は，ゲート接地増幅回路と同様に，正相増幅回路であるので，直感的な電流の流れに合うように，電流 i_b と，電流 i_b に制御される電流源 αi_b の流れる向きを逆にする[3]．これを図 4.11(b) に示す．

図 4.11(b) において，エミッタ接地増幅回路と同様に，抵抗 r_e に流れる電流 i_e の影響を考えると

$$v_{in} = r_e i_e + r_b (1-\alpha) i_e \tag{4.45}$$

---

[3] 交流信号は時間的に正負が入れ替わるので，相対的な向きが揃っていれば，電流や電圧の正の向きを逆にしても全く問題ない．

が成り立つので，図 4.11(b) において，R_E を除く，r_e から右側の回路は入力電圧 v_{in} に対して

$$Z_e = \frac{v_{in}}{i_e} = r_e + (1-\alpha)r_b \tag{4.46}$$

という抵抗と等価であることがわかる．したがって，入力インピーダンス Z_{in} について図 4.11(c) の小信号モデルが得られ，この小信号モデルから Z_{in} は

$$Z_{in} = R_E // Z_e \tag{4.47}$$

となる．また，出力電圧 v_{out} は

$$v_{out} = R_L i_{out} \tag{4.48}$$

であり，図 4.11(b) と式 (4.46) から i_{out} が

$$i_{out} = \alpha i_e = \alpha \frac{v_{in}}{Z_e} \tag{4.49}$$

と表されるので，電圧利得 A_v は

$$A_v = \frac{\alpha R_L}{Z_e} \tag{4.50}$$

となる．さらに，図 4.11(c) から i_e は

$$i_e = \frac{R_E}{R_E + Z_e} i_{in} \tag{4.51}$$

と表されるので，この式と $i_e = \alpha i_{out}$ という関係から，電流利得 A_i は

$$A_i = \frac{\alpha R_E}{R_E + Z_e} \tag{4.52}$$

となる．α は 1 未満の定数であるため，ベース接地増幅回路は，ゲート接地増幅回路と同様に，電流を増幅しない．

次に，図 4.12 を用いてベース接地増幅回路の出力インピーダンスを求める．この場合も，エミッタ接地増幅回路と同様に，入力電圧 v_{in} が零になると，αi_e も零となる．したがって，出力インピーダンス Z_{out} は

$$Z_{out} = R_L \tag{4.53}$$

である．

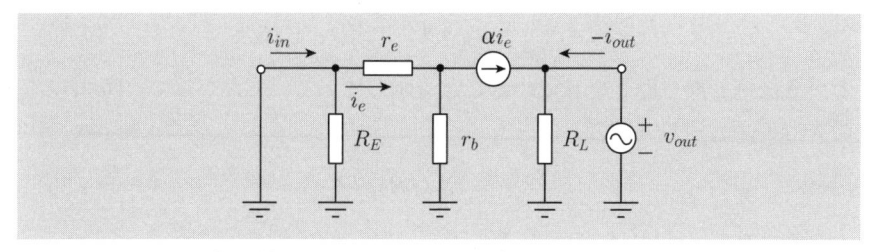

図4.12 ベース接地増幅回路の出力インピーダンスを求めるための小信号モデル

■ **4.2.4 コレクタ接地増幅回路の解析**

図 4.13(a) にコレクタ接地増幅回路の小信号モデルを，図 4.13(b) にコレクタ接地増幅回路の出力インピーダンスを求めるための小信号モデルを示す．

エミッタ接地増幅回路と同様に，電流 i_{in} は並列接続された抵抗 R_1 と R_2 だけではなく，抵抗 r_b にも流れる．そこで，入力電圧 v_{in} を i_b で表すと

$$v_{in} = r_b i_b + (r_e + R_L)(1+\beta)i_b \tag{4.54}$$

となる．この式は，図 4.13(a) において，R_1 と R_2 の並列回路を除いた部分が入力電圧 v_{in} に対して

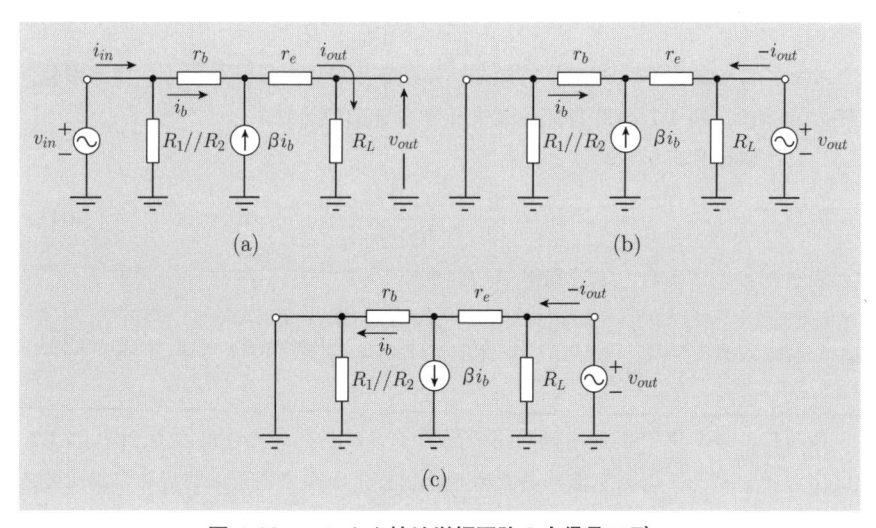

図 4.13 コレクタ接地増幅回路の小信号モデル

$$Z_b' = \frac{v_{in}}{i_b} = r_b + (1+\beta)(r_e + R_L) \tag{4.55}$$

という抵抗と同じ働きをしていることを示している．したがって，図 4.13(a) の入力インピーダンス Z_{in} は

$$Z_{in} = R_1 // R_2 // Z_b' \tag{4.56}$$

となる．また，抵抗 R_L を流れる電流 i_{out} は

$$i_{out} = (1+\beta)i_b \tag{4.57}$$

であり，v_{out} が

$$v_{out} = R_L i_{out} = (1+\beta)R_L i_b \tag{4.58}$$

となる．さらに，i_b が

$$i_b = \frac{v_{in}}{Z_b'} \tag{4.59}$$

であることから，電圧利得 A_v が

$$\begin{aligned} A_v &= \frac{(1+\beta)R_L}{Z_b'} \\ &= \frac{(1+\beta)R_L}{r_b + (1+\beta)(r_e + R_L)} \end{aligned} \tag{4.60}$$

となる．この式から，A_v は 1 未満であることがわかる．ドレイン接地増幅回路と同様に，図 4.7(c) の回路を**エミッタフォロワ**と呼ぶ．

次に，電流利得を求めると，i_b が

$$i_b = \frac{R_1 // R_2}{(R_1 // R_2) + Z_b'} i_{in} \tag{4.61}$$

と表されることから，電流利得 A_i は

$$A_i = \frac{(1+\beta)(R_1 // R_2)}{(R_1 // R_2) + Z_b'} \tag{4.62}$$

となる．

最後に，コレクタ接地増幅回路の出力インピーダンスを求める．図 4.13(b) は出力インピーダンスを求めるための小信号モデルである．解析を容易にするために，ベース接地増幅回路の交流解析と同様に，電流 i_b と電流源 βi_b の向きを反転し，電流 $-i_{out}$ の向きと揃えると，図 4.13(c) が得られる．図 4.13(c) か

ら $-i_{out}$ は

$$-i_{out} = (1+\beta)i_b \tag{4.63}$$

であり，v_{out} は i_b を用いて

$$v_{out} = r_e(1+\beta)i_b + \{r_b + (R_1//R_2)\}i_b \tag{4.64}$$

と表されるので，出力インピーダンス Z_{out} は

$$Z_{out} = \left\{r_e + \frac{r_b + (R_1//R_2)}{1+\beta}\right\}//R_L \tag{4.65}$$

となる．

■**4.2.5 バイポーラトランジスタ基本増幅回路の比較**

バイポーラトランジスタを用いた基本増幅回路の増幅作用については，MOSトランジスタを用いた基本増幅回路と同様であり，エミッタ接地増幅回路とベース接地増幅回路は電圧増幅作用があり，エミッタ接地増幅回路とコレクタ接地増幅回路は電流増幅作用があることがわかる．入力インピーダンスについては，MOSトランジスタを用いた基本増幅回路とは異なり，ベースに電流が流れ込むため，エミッタ抵抗を小さくして電圧利得を高くすると，エミッタ接地増幅回路の入力インピーダンスが低下するという特徴がある．一方，コレクタ接地増幅回路の電圧利得を1倍に近づけると，入力インピーダンスは高くなる．一般的な設計の場合，ベース接地回路の入力インピーダンスが最も低い．出力インピーダンスについては，コレクタ接地増幅回路の出力インピーダンスがエミッタ接地増幅回路やベース接地増幅回路のそれらと比較して低い．

4 章 の 問 題

☐ **1** 入力インピーダンスと出力インピーダンスが表す物理的な意味を説明せよ．

☐ **2** 例題 4.2 や例題 4.3 と同様に，$V_{DD} = 3.0\,[\text{V}]$，$R_1 = 65\,[\text{k}\Omega]$，$R_2 = 85\,[\text{k}\Omega]$，$R_L = R_S = 20\,[\text{k}\Omega]$，MOS トランジスタのトランスコンダクタンス係数 K が $500\,\mu\text{S} \cdot \text{V}^{-1}$，しきい電圧 V_T が $0.50\,\text{V}$，ドレイン電流を表す式が式 (3.9) であるとき，図 4.1(b) と (c) に示すゲート接地増幅回路とドレイン接地増幅回路の電圧利得 A_v，電流利得 A_i を求めよ．

☐ **3** 例題 4.4 や例題 4.5 と同様に，$V_{CC} = 3.0\,[\text{V}]$，$R_1 = 65\,[\text{k}\Omega]$，$R_2 = 85\,[\text{k}\Omega]$，$R_L = R_E = 20\,[\text{k}\Omega]$，バイポーラトランジスタの大信号モデルがベース・エミッタ間電圧 V_{BE} が $0.70\,\text{V}$ である図 3.10(a)，小信号モデルがエミッタ接地電流利得 β が 49，ベース広がり抵抗が $1.0\,\text{k}\Omega$ である図 3.14(d) のとき，図 4.7(b) と (c) に示すベース接地増幅回路とコレクタ接地増幅回路の電圧利得 A_v と電流利得 A_i を求めよ．

☐ **4** 図 4.1(a) のソース接地増幅回路について以下の問に答えよ．ただし，$V_{DD} = 2.5\,[\text{V}]$，$R_1 = 22\,[\text{k}\Omega]$，$R_2 = 28\,[\text{k}\Omega]$，$R_S = 16\,[\text{k}\Omega]$ とし，MOS トランジスタのトランスコンダクタンス係数 K を $100\,\mu\text{S} \cdot \text{V}^{-1}$，しきい電圧 V_T を $0.50\,\text{V}$，ドレイン電流を表す式を式 (3.9) とする．
(1) ゲート電位 V_G とソース電位 V_S を求めよ．
(2) ドレイン電位 V_D が $1.7\,\text{V}$ となるように抵抗 R_L の値を定めよ．
(3) R_L が (2) で定めた値のとき，図 4.1(a) のソース接地増幅回路の電圧利得 A_v を求めよ．

☐ **5** 図 4.7(a) のエミッタ接地増幅回路について以下の問に答えよ．ただし，$V_{CC} = 2.5\,[\text{V}]$，$R_1 = 28\,[\text{k}\Omega]$，$R_2 = 22\,[\text{k}\Omega]$，$R_L = 7.0\,[\text{k}\Omega]$ とし，バイポーラトランジスタの大信号モデルをベース・エミッタ間電圧 V_{BE} が $0.70\,\text{V}$ である図 3.10(a)，小信号モデルをエミッタ接地電流利得 β が 49，ベース広がり抵抗が $1.0\,\text{k}\Omega$ である図 3.14(d) とする．
(1) ベース電位 V_B を求めよ．
(2) コレクタ電位 V_C が $1.8\,\text{V}$ となるように抵抗 R_E の値を定めよ．
(3) R_E が (2) で定めた値のとき，図 4.7(a) のエミッタ接地増幅回路の電圧利得 A_v を求めよ．

第5章

増幅回路の相互接続

　前章では，アナログ電子回路を構成する上で欠くことのできない基本増幅回路について説明した．しかし，これらの増幅回路だけでは，必要な特性を実現できない場合が多々ある．このような場合によく用いられる方法は，基本増幅回路を相互に接続して電圧利得や入力インピーダンス，出力インピーダンスなどを改善する方法である．本章では，基本増幅回路を相互接続することによって，どのように特性が改善されるかについて説明する．

　5.1　基本増幅回路の縦続接続
　5.2　差動増幅回路

5.1 基本増幅回路の縦続接続

図 5.1 は，前章で説明したソース接地増幅回路を 2 個用いた回路である．この図では，1 段目の増幅回路の出力端子 A が 2 段目の増幅回路の入力端子 B に接続されている．このように，ある回路の出力に別の回路の入力が接続され，これを繰り返す接続方法を**縦続接続**と呼ぶ．

増幅回路の縦続接続は増幅回路の増幅利得を改善する有効な手段の一つである．一見すると，縦続接続により構成された増幅回路の利得は，それぞれの増幅回路について別個に求めた利得の積になると考えがちであるが，実際に相互接続の影響のため，そのようにはならない．相互接続の影響について，図 5.1 の増幅回路の小信号モデルを求めて解析する．

図 5.1 の増幅回路において，直流電圧源や結合容量，バイパス容量を短絡し，MOS トランジスタを図 3.12(b) の小信号モデルに置き換えると，図 5.2 の小信号モデルが得られる．1 段目の増幅回路の一部を表すノレータから流れ出る電流は抵抗 R_{L1} に流れる電流 i_{out1} だけではなく，2 段目の増幅回路に流れ込む電流 i_{in2} との和である．v_{in} によってノレータから流れ出る電流は縦続接続しても変わらないが，i_{in2} が 2 段目の増幅回路に流れ込む分だけ，抵抗 R_{L1} に流れる電流が減少し，この結果，1 段目の増幅回路の電圧利得が減少する．

縦続接続の影響について，より詳しく解析する．回路全体を解析しようとすると，手間がかかり，見通しも悪い．そこで，2 段目の増幅回路が電流 i_{in2} を引

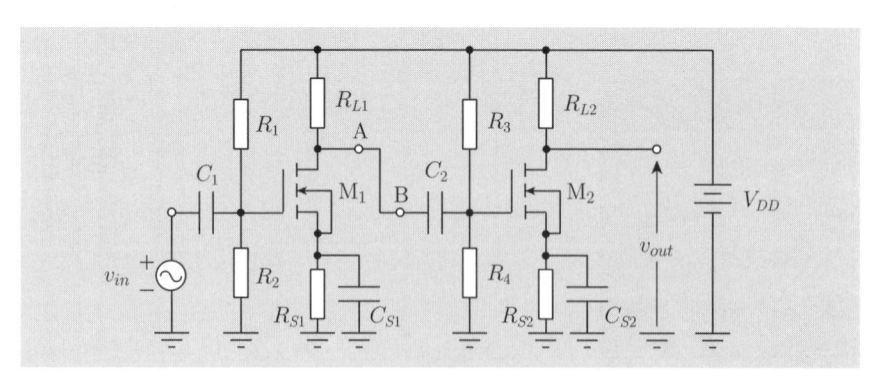

図 5.1 ソース接地増幅回路の縦続接続

5.1 基本増幅回路の縦続接続

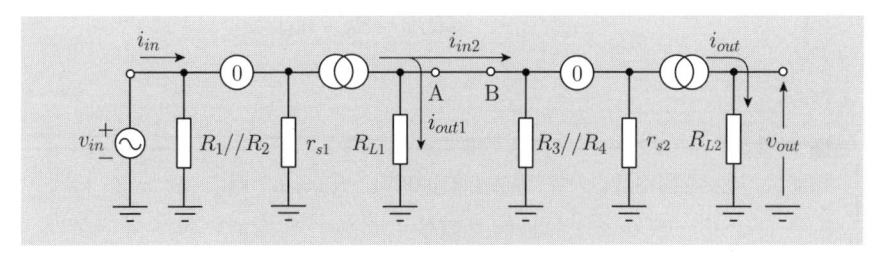

図 5.2　図 5.1 の増幅回路の小信号モデル

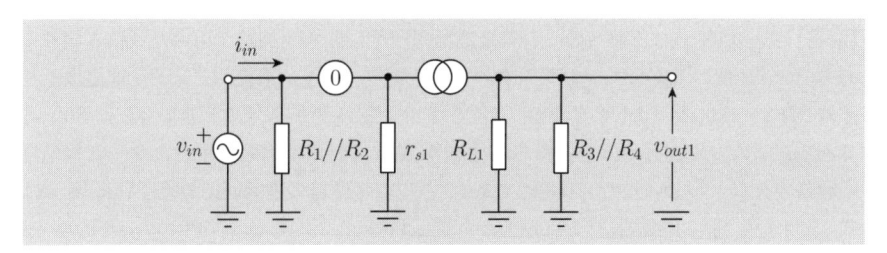

図 5.3　図 5.1 の 1 段目の増幅回路のみを表す小信号モデル

き込むことを等価的に表すことにする．入力インピーダンスは，増幅回路に加える電圧と流れ込む電流の関係を表しているので，2 段目の増幅回路はその入力インピーダンスを持った素子で置き換えることができる．前章のソース接地増幅回路の解析から，2 段目の増幅回路の入力インピーダンスが $R_3//R_4$ であることがわかる．したがって，1 段目の増幅回路の電圧利得を求めるためには，図 5.3 の増幅回路を解析すればよい．しかも，この増幅回路がソース接地増幅回路と異なるのは，ドレイン端子に接続されている抵抗が 1 個から，R_{L1}, R_3, R_4 の 3 個の抵抗からなる並列回路に置き換わっていることだけである．したがって，1 段目の増幅回路の電圧利得 A_{v1} は

$$A_{v1} = \frac{v_{out1}}{v_{in}} = -\frac{R_{L1}//R_3//R_4}{r_{s1}} \tag{5.1}$$

となる．2 段目の増幅回路の出力には，前章のソース接地増幅回路と同様に，他の回路が接続されていない．したがって，2 段目の電圧利得 A_{v2} は

$$A_{v2} = \frac{v_{out}}{v_{out1}} = -\frac{R_{L2}}{r_{s2}} \tag{5.2}$$

であることがわかる．以上から，図 5.1 の増幅回路の電圧利得 A_v は

$$A_v = A_{v1}A_{v2} = \frac{(R_{L1}//R_3//R_4)R_{L2}}{r_{s1}r_{s2}} \tag{5.3}$$

となる.

■ 例題 5.1

図 5.2 の増幅回路において，$V_{DD} = 3.0\,[\mathrm{V}]$，$R_1 = 65\,[\mathrm{k\Omega}]$，$R_2 = 85\,[\mathrm{k\Omega}]$，$R_3 = 65\,[\mathrm{k\Omega}]$，$R_4 = 85\,[\mathrm{k\Omega}]$，$R_{L1} = R_{L2} = R_{S1} = R_{S2} = 20\,[\mathrm{k\Omega}]$，2 個の MOS トランジスタのトランスコンダクタンス係数 K としきい電圧 V_T をともに $500\,\mu\mathrm{S\cdot V^{-1}}$，$0.50\,\mathrm{V}$ としたとき電圧利得 A_v を求めよ．

【解答】この素子値は，前章のソース接地増幅回路に関する例題で用いた数値と同じであるので，2 個の MOS トランジスタのゲート電位，ソース電位，ドレイン電位はそれぞれ $1.7\,\mathrm{V}$，$0.90\,\mathrm{V}$，$2.1\,\mathrm{V}$ となり，MOS トランジスタ小信号モデルの g_m は $300\,\mu\mathrm{S}$ である．また，2 段目の増幅回路の電圧利得 A_{v2} は前章の例題で用いたソース接地増幅回路のそれと等しいので -6.0 倍である．一方，1 段目の増幅回路の電圧利得 A_{v1} は式 (5.1) から約 -3.9 倍となる．以上から電圧利得 A_v は $A_v = (-3.9) \times (-6.0) \simeq 23$ 倍であることがわかる． ■

以上の解析結果から，縦続接続による電圧利得の低下を防ぐためには，i_{in2} が零になればよい．たとえば，MOS トランジスタのゲート端子には電流が流れ込まないので，図 5.4 のように，2 段目増幅回路のバイアス抵抗を開放除去し，MOS トランジスタをバイアスするためにゲート端子を 1 段目の出力端子 A に接続することが考えられる．この回路では，1 段目増幅回路の電圧利得 A_{v1}' は

$$A_{v1}' = -\frac{R_{L1}}{r_{s1}} \tag{5.4}$$

となる．したがって，全体の利得 A_v' は

$$A_v' = A_{v1}'A_{v2} = \frac{R_{L1}R_{L2}}{r_{s1}r_{s2}} \tag{5.5}$$

となり，各増幅回路の電圧利得の単なる積となる．

次に，バイポーラトランジスタを用いた縦続接続型増幅回路について考える．図 5.5 は，図 5.4 の MOS トランジスタをバイポーラトランジスタに置き換えて構成した，エミッタ接地増幅回路を 2 段縦続接続した増幅回路である．バイポーラトランジスタのベース端子には電流が流れるため，バイアス抵抗を除去しても，縦続接続による電圧利得の低下は免れない．

5.1 基本増幅回路の縦続接続

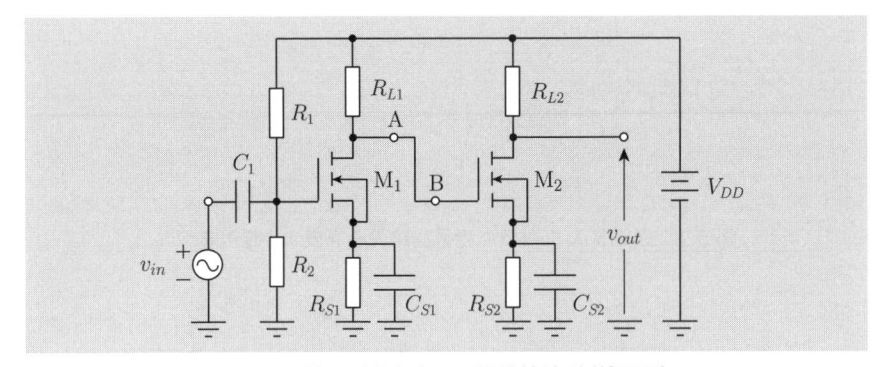

図 5.4　電圧利得を高めた縦続接続型増幅回路

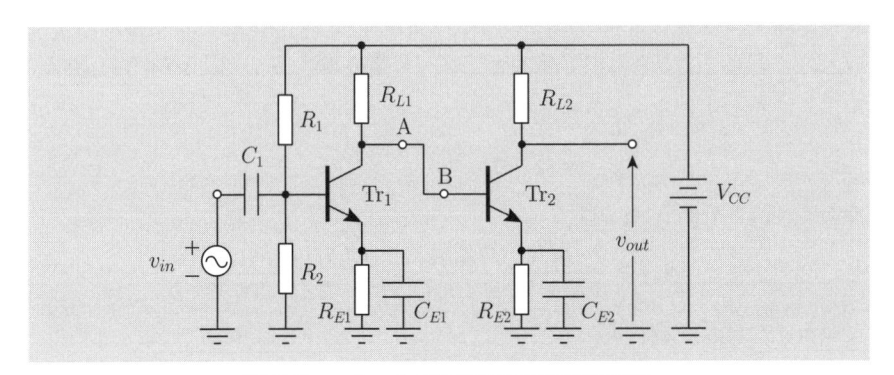

図 5.5　エミッタ接地増幅回路の縦続接続

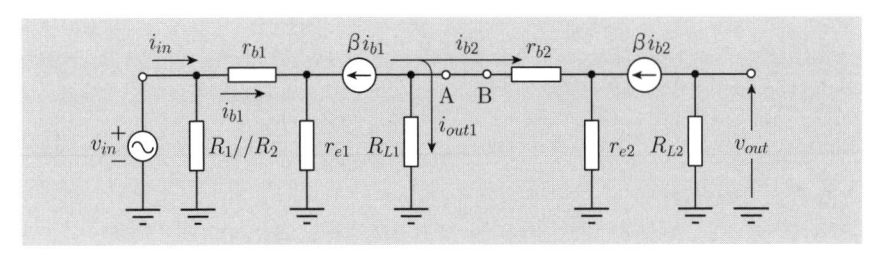

図 5.6　図 5.5 の小信号モデル

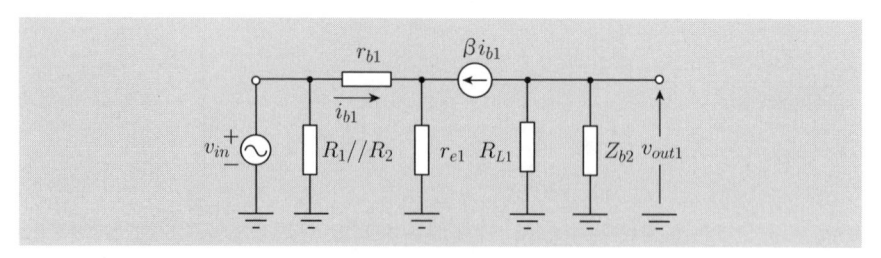

図 5.7 図 5.5 の 1 段目の増幅回路のみを表す小信号モデル

図 5.6 の小信号モデルを用いて増幅回路全体の電圧利得を求めてみる．ただし，図 5.6 では，バイポーラトランジスタの小信号モデルとして，図 3.14(d) を用いている．

まず，1 段目のエミッタ接地増幅回路の電圧利得 A_{v1} を求める．ソース接地増幅回路を 2 段縦続接続した増幅回路の場合と同様に，2 段目の増幅回路をその入力インピーダンスと同じ値の素子 Z_{b2} に置き換えると，図 5.7 が得られる．ただし，Z_{b2} は

$$Z_{b2} = r_{b2} + (1+\beta)r_{e2} \tag{5.6}$$

である．図 5.7 から A_{v1} は

$$A_{v1} = \frac{-\beta(R_{L1}//Z_{b2})}{r_{b1} + (1+\beta)r_{e1}} = \frac{-\beta(R_{L1}//Z_{b2})}{Z_{b1}} \tag{5.7}$$

となる．ただし，Z_{b1} は

$$Z_{b1} = r_{b1} + (1+\beta)r_{e1} \tag{5.8}$$

である．また，2 段目のエミッタ接地増幅回路の電圧利得 A_{v2} は

$$A_{v2} = \frac{-\beta R_{L2}}{r_{b2} + (1+\beta)r_{e2}} = \frac{-\beta R_{L2}}{Z_{b2}} \tag{5.9}$$

であるので，図 5.5 の電圧利得 A_v は

$$A_v = A_{v1}A_{v2} = \frac{\beta^2(R_{L1}//Z_{b2})R_{L2}}{Z_{b1}Z_{b2}} \tag{5.10}$$

となる．この式は

$$A_v = \frac{Z_{b2}}{R_{L1} + Z_{b2}} \times \frac{-\beta R_{L1}}{Z_{b1}} \times \frac{-\beta R_{L2}}{Z_{b2}} \tag{5.11}$$

と書き直すことができるので，各エミッタ接地増幅回路の電圧利得の積から

5.1 基本増幅回路の縦続接続

$Z_{b2}/(R_{L1}+Z_{b2})$ だけ電圧利得が低下している．

このような電圧利得の低下を防ぐために，たとえば，2段目の増幅回路のエミッタ抵抗 r_{e2} を小さくして電圧利得を大きくしたとする．このとき，2段目の入力インピーダンス Z_{b2} が低下するので，全体の電圧利得を大きくするには効果的ではない．電圧利得の低下を防ぐために，R_{L1} よりも大きな入力インピーダンスを持ち，Z_{b2} よりも小さな出力インピーダンスを持つ回路を挿入することがある．このような回路を**緩衝増幅回路**あるいは**バッファ**と呼ぶ．前章での基本増幅回路の交流解析の結果から，緩衝増幅回路として適しているのは，ソースフォロワやエミッタフォロワである．

たとえば，図 5.8 は図 5.5 にエミッタフォロワを挿入し，電圧利得の低下を緩和した増幅回路である．この増幅回路の小信号モデルは図 5.9 となる．この図から，まず 1 段目の増幅回路の電圧利得 A_{v1}' は

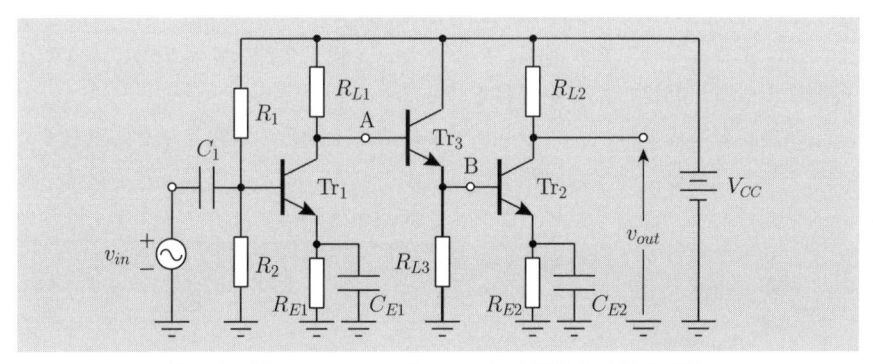

図 5.8 図 5.5 にエミッタフォロワを挿入した増幅回路

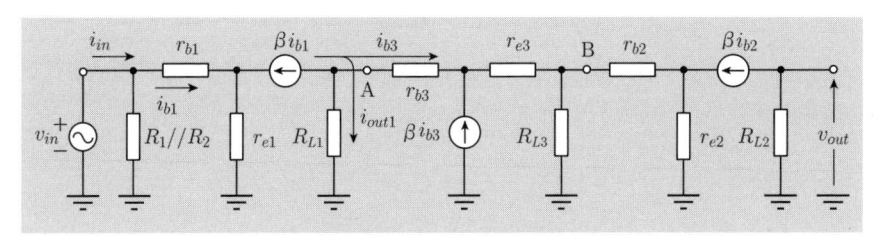

図 5.9 図 5.8 の小信号モデル

$$A_{v1}' = \frac{-\beta(R_{L1}//Z_{b3})}{r_{b1} + (1+\beta)r_{e1}} = \frac{-\beta(R_{L1}//Z_{b3})}{Z_{b1}} \quad (5.12)$$

となる．ただし，Z_{b3} は

$$Z_{b3} = r_{b3} + (1+\beta)\{r_{e3} + (R_{L3}//Z_{b2})\} \quad (5.13)$$

である．次に，挿入された2段目のエミッタフォロワの電圧利得 A_{v3} は

$$A_{v3} = \frac{(1+\beta)(R_{L3}//Z_{b2})}{r_{b3} + (1+\beta)\{r_{e3} + (R_{L3}//Z_{b2})\}} = \frac{(1+\beta)(R_{L3}//Z_{b2})}{Z_{b3}} \quad (5.14)$$

となる．3段目のエミッタ接地増幅回路の電圧利得は A_{v2} のままであるので，図5.8の増幅回路全体の電圧利得 A_v' は

$$A_v' = A_{v1}'A_{v3}A_{v2} = \frac{\beta^2(1+\beta)Z_{b3}R_{L1}R_{L2}(R_{L3}//Z_{b2})}{(R_{L1}+Z_{b3})Z_{b1}Z_{b2}} \quad (5.15)$$

となる．$Z_{b3} > Z_{b2}$ なので，$Z_{b3}/(R_{L1}+Z_{b3})$ は1倍に近づき，$(1+\beta)(R_{L3}//Z_{b2})/Z_{b3}$ も，一般に $r_{b3} \ll r_{e3} + (1+\beta)(R_{L3}//Z_{b2})$ が成り立つので，ほぼ1となる．したがって，エミッタフォロワを挿入することにより相互接続による電圧利得の低下が緩和されることがわかる．

縦続接続型構成では，入力インピーダンスは1段目の増幅回路で，出力インピーダンスは最終段の増幅回路でほぼ決定される．たとえば，入力インピーダンスを高めたり，出力インピーダンスを低減するためには，ソースフォロワやエミッタフォロワを1段目あるいは最終段に用いればよいことがわかる．

5.2 差動増幅回路

図 5.10 の回路は v_{in2} を零とすると，トランジスタ M_1 と抵抗 R_{SS} によって構成されるソースフォロワ並びにトランジスタ M_2 と抵抗 R_L によって構成されるゲート接地増幅回路の縦続接続型構成であると考えることができる．また，v_{in1} を零とすれば，M_2 と R_{SS} がソースフォロワ，M_1 と R_L がゲート接地増幅回路となる．このように，左右対称の構造を持つ増幅回路を**差動増幅回路**と呼ぶ．差動増幅回路はアナログ集積回路の最も重要な基本回路であり，その名のとおり，信号の差を増幅することを目的とした回路である．信号の差を増幅するために，差動増幅回路は集積回路上の同種の素子の特性が揃うことを利用している．さらに，図 5.10 から明らかなように，差動増幅回路では，正と負の電源を用いることにより，結合容量やバイパス容量が不要になっていることも特徴の一つである．

ソース接地増幅回路などの交流解析と同様に，ここでも MOS トランジスタが飽和領域で動作していると仮定し，図 3.12(b) のモデルを用いて図 5.10 の差動増幅回路の解析を行う．さらに，直流電圧源は信号成分に対して短絡となるので，図 5.11 の小信号モデルが得られる．

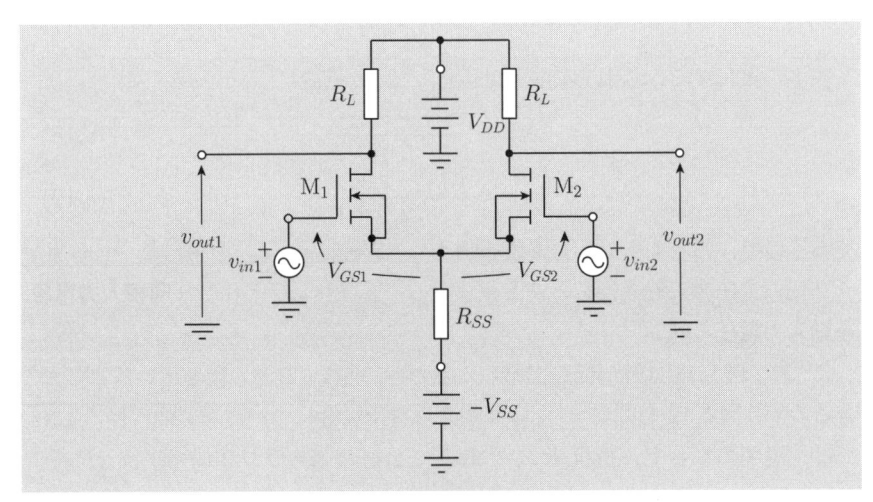

図 5.10　基本差動増幅回路

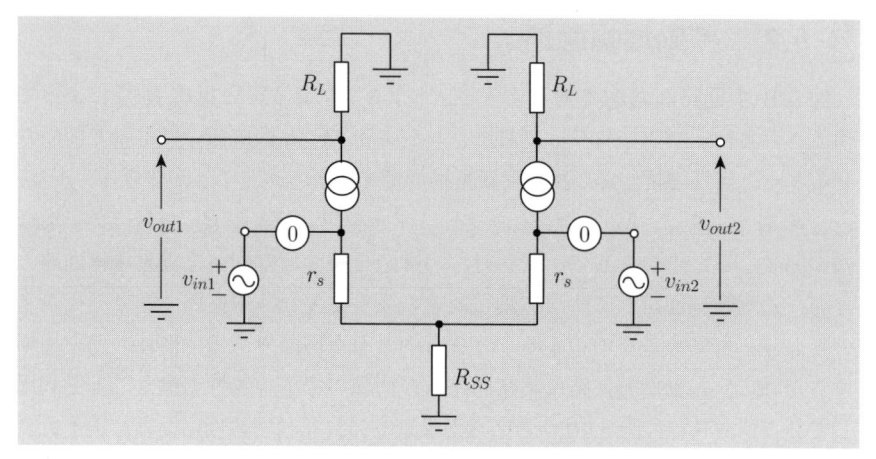

図 5.11　基本差動増幅回路の小信号モデル (1)

図 5.10 の回路は MOS トランジスタを 2 個用いているため，このまま解析を行うと手間がかかる．ここでは，煩雑な解析を避けるために，2 個の入力電圧 v_{in1} と v_{in2} を

$$v_{in1} = v_c + v_d \tag{5.16}$$

$$v_{in2} = v_c - v_d \tag{5.17}$$

と表すことにする．これらの式において，v_c と v_d は

$$v_c = \frac{v_{in1} + v_{in2}}{2} \tag{5.18}$$

$$v_d = \frac{v_{in1} - v_{in2}}{2} \tag{5.19}$$

であるので，どのような入力電圧を加えても，v_{in1} と v_{in2} を常に v_c と v_d という 2 個の電圧源に置き換えることができる．v_c と v_d をそれぞれ**同相入力電圧**，**差動入力電圧**と呼ぶ．

ここで，図 5.11 は線形回路であることから，重ね合わせの理を用いることができるので，図 5.12 を基に v_c だけが加えられた場合について考える．図 5.12(a) では，説明の都合上，抵抗 R_{SS} を敢えて 2 倍の値を持つ 2 個の抵抗 $2R_{SS}$ に分けて表している．

図 5.12(a) の回路は左右全く対称であるので，2 個の抵抗 $2R_{SS}$ に加わる電

5.2 差動増幅回路

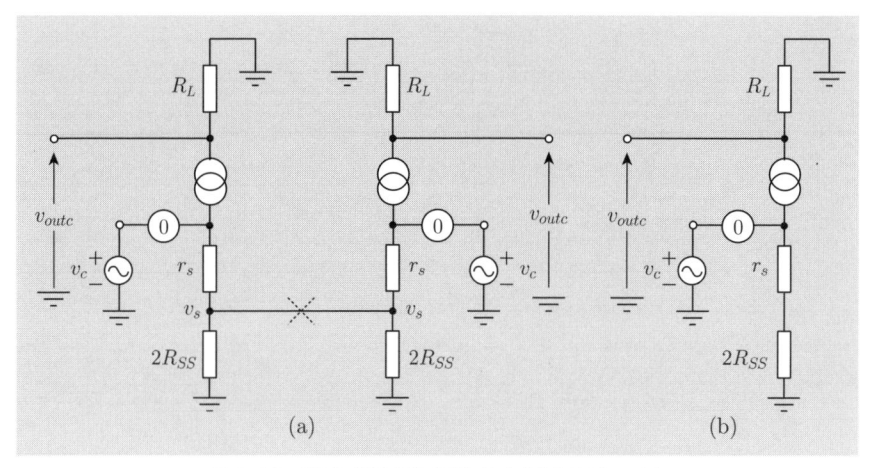

図 5.12 基本差動増幅回路の小信号モデル (2)

圧 v_s はともに等しい．このため，右側から左側あるいは左側から右側に電流が流れることはない．したがって，破線で表した×印が付けられた配線を開放除去しても回路に影響を与えることはない．この配線を開放除去して得られる左右の回路は全く同じであるので，左側あるいは右側だけを解析すれば十分である．図 5.12(b) は図 5.12(a) の左側だけを取り出した回路である．この回路は，図 4.3 のソース接地増幅回路の小信号モデルの抵抗 r_s が r_s と $2R_{SS}$ の直列回路に置き換わり，抵抗 R_1 と R_2 が開放除去された回路と同じである．したがって，ソース接地増幅回路の交流解析結果において，r_s を $(r_s + 2R_{SS})$ に置き換えて，R_1 と R_2 を無限大とすれば増幅回路の特性を表すパラメータが得られる．この結果，電圧利得 A_v と電流利得 A_i は

$$A_v = -\frac{R_L}{r_s + 2R_{SS}} \tag{5.20}$$

$$A_i = \infty \tag{5.21}$$

となる．

次に，図 5.13 を基に v_d だけが加えられた場合について考える．この回路の構造は左右対称であり，左右に同じ大きさで極性が反転した電圧が加えられているため，すべての電圧と電流の極性が左右で反転している．このため，左側の抵抗 r_s を流れる電流 i_d はすべて右側の抵抗 r_s に流れ，抵抗 R_{ss} に流れる電流

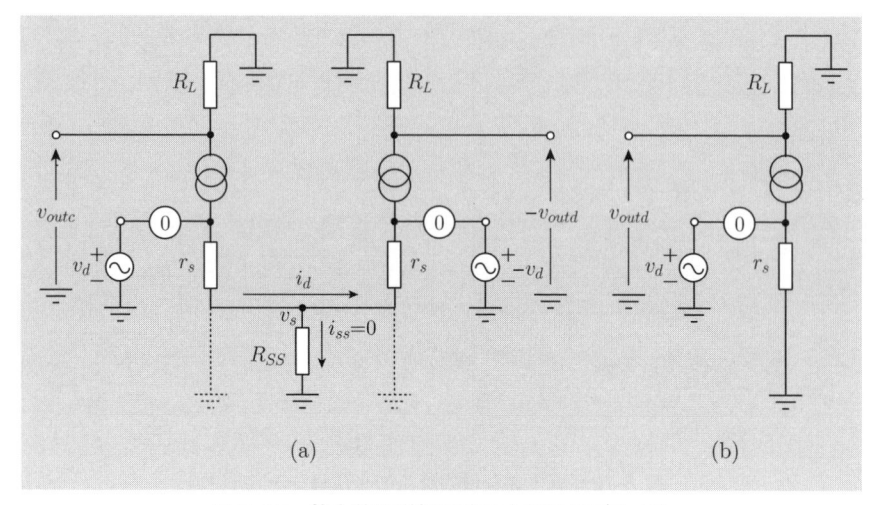

図 5.13 基本差動増幅回路の小信号モデル (3)

i_{ss} は零となることがわかる．したがって，破線で示したとおりに，2 個の抵抗 r_s の片方の端子を接地したとしても，回路に影響を与えることはない．この結果，図 5.13(b) の回路が得られる．図 5.13(b) は，図 5.13(a) の左半分だけを表しているが，右半分は電圧と電流の極性が反転しているだけであるので，解析する必要はない．また，図 5.13(b) は，図 4.3 のソース接地増幅回路の抵抗 R_1 と R_2 が開放除去された回路と同じであるので，電圧利得 A_v はソース接地増幅回路のそれと等しく，電流利得 A_i は無限大となる．したがって，A_v と A_i は

$$A_v = -\frac{R_L}{r_s} \tag{5.22}$$

$$A_i = \infty \tag{5.23}$$

である．

一般に，図 5.12(b) のように，同相入力電圧を加えたときに得られる回路を**同相半回路**と呼び，図 5.13(b) のように，差動入力電圧を加えたときに得られる回路を**差動半回路**と呼ぶ．同相半回路と差動半回路の電圧利得についても区別し，式 (5.20) を**同相電圧利得**，式 (5.22) を**差動電圧利得**と呼ぶ．

最後に，v_{in1} と v_{in2} が加えられたときの出力電圧 v_{out1} と v_{out2} を求める．式 (5.20) の同相電圧利得を A_c，式 (5.22) の差動電圧利得を A_d とすれば，重

ね合わせの理を用いて v_{out1} と v_{out2} は

$$v_{out1} = A_c v_c + A_d v_d = \frac{A_c + A_d}{2} v_{in1} + \frac{A_c - A_d}{2} v_{in2} \quad (5.24)$$

$$v_{out2} = A_c v_c - A_d v_d = \frac{A_c - A_d}{2} v_{in1} + \frac{A_c + A_d}{2} v_{in2} \quad (5.25)$$

となる.

以上の解析方法は一般の左右対称な回路にも用いることができる[1].

■ 例題 5.2
図 5.11 の差動増幅回路の小信号モデルにおいて, $R_L = 20\,[\mathrm{k\Omega}]$, $R_{SS} = 10\,[\mathrm{k\Omega}]$, $r_s = 3.3\,[\mathrm{k\Omega}]$ としたとき差動電圧利得 A_d と同相電圧利得 A_c を求めよ. さらに, v_{out1} と v_{out2} を v_{in1} と v_{in2} を用いて表せ.

【解答】式 (5.22) から差動電圧利得 A_d は約 -6.0 倍, 式 (5.20) から同相電圧利得 A_c は約 -0.86 倍である. これらの数値を式 (5.24) と式 (5.25) に代入すると, v_{out1} と v_{out2} はそれぞれ

$$v_{out1} \simeq -3.4 v_{in1} + 2.6 v_{in2} \quad (5.26)$$

$$v_{out2} \simeq +2.6 v_{in1} - 3.4 v_{in2} \quad (5.27)$$

となる. ■

本節の初めに説明したとおり, 差動増幅回路は 2 個の入力信号の差を増幅することを目的としている. すなわち, 差動入力電圧 v_d を増幅し, 一方, 同相入力電圧 v_c を増幅しないことが望ましい. このため, 差動増幅回路の特性を評価する重要な尺度として差動電圧利得 A_d と同相電圧利得 A_c の比が用いられる. この比を**同相除去比 (Common-Mode Rejection Ratio)** と呼ぶ.

図 5.10 の差動増幅回路の同相除去比 $CMRR$ を求めてみると, $CMRR$ は

$$CMRR = \frac{A_d}{A_c} = \frac{r_s + 2R_{SS}}{r_s} \quad (5.28)$$

となる. この式から, 同相除去比を改善するためには, r_s を小さくするか, R_{SS} を大きくすればよいことがわかる. r_s は MOS トランジスタの伝達コンダクタンス g_m の逆数なので, 同相除去比を改善するためには g_m を大きくすればよ

---

[1] 同相入力電圧に対しては, 左右の中心線上を横切るすべての配線を開放除去し, 差動入力電圧に対しては, 左右の中心線上のすべての節点を接地する.

い. g_m を大きくするためには直流ドレイン電流を増やすか，あるいはチャネル幅を大きくする方法が考えられるが，消費電力や回路規模の増加などの問題が生じる．一方，直流ドレイン電流を一定に保って R_{SS} を大きくすると，R_{SS} での電圧降下が大きくなり，電源電圧の値も大きくせざるを得ない．このため，g_m を大きくする場合と同様に，消費電力が増大する．

■ **例題 5.3**

図 5.11 の差動増幅回路の小信号モデルにおいて，$R_L = 20\,[\text{k}\Omega]$, $R_{SS} = 10\,[\text{k}\Omega]$, $r_s = 3.3\,[\text{k}\Omega]$ としたとき同相除去比 $CMRR$ を求めよ．

【解答】これらの素子値は例題 5.2 で用いた値と同じであるので差動電圧利得 A_d は約 -6.0 倍，同相電圧利得 A_c は約 -0.86 倍である．したがって，同相除去比 $CMRR$ は約 7.0 倍となる． ■

消費電力をできるだけ増加させずに同相除去比を改善する方法として直流電流源回路を用いる方法がある．直流電流源は外部から電圧を加えても一定電流を流し続けるので，その抵抗値は無限大である．図 5.10 において，抵抗 R_{SS} は MOS トランジスタ M_1 と M_2 に電流を流す働きをしているだけで，差動半回路には現れない．このため，抵抗 R_{SS} を直流電流源回路で置き換えれば飛躍的に同相除去比を改善することができる．

MOS トランジスタなどを用いて構成した直流電流源回路を図 5.14 に示す．この図において，I_1 は

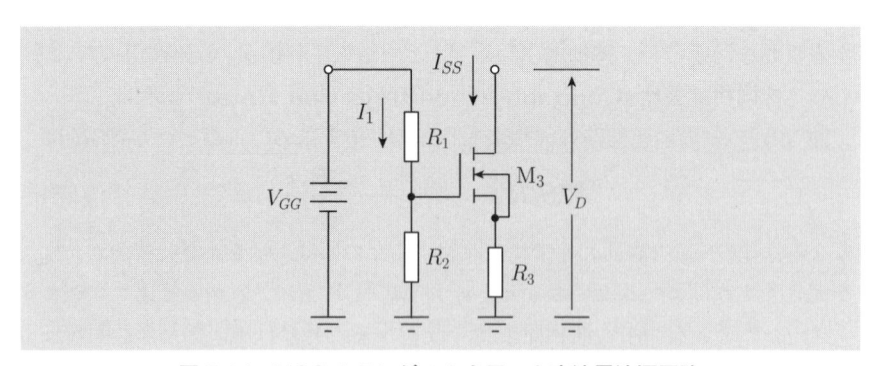

図 5.14 MOS トランジスタを用いた直流電流源回路

5.2 差動増幅回路

$$I_1 = \frac{1}{R_1 + R_2}V_{GG} \qquad (5.29)$$

である．また，MOS トランジスタが飽和領域で動作しているとすると，I_{SS} を

$$I_{SS} = K(R_2 I_1 - R_3 I_{SS} - V_T)^2 \qquad (5.30)$$

と表すことができ，I_{SS} に関する 2 次方程式が得られる．この式には I_{SS} を出力する端子の電位 V_D が含まれないので，I_{SS} は V_D に無関係に定まる．したがって，図 5.14 の回路が直流電流源回路であることがわかる．

図 5.14 の回路を用いて構成した差動増幅回路の例を図 5.15 に示す．

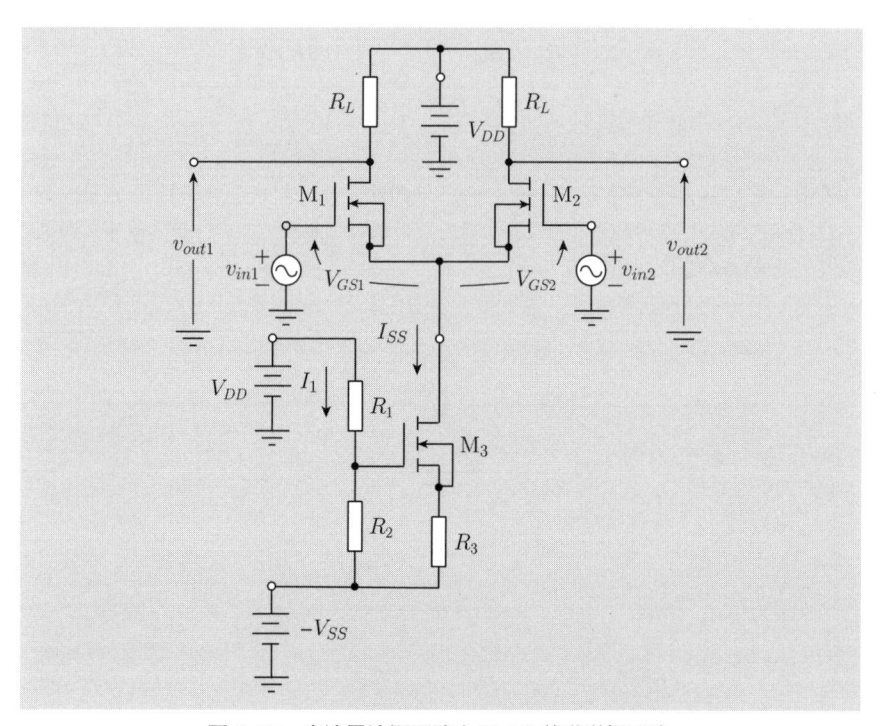

図 5.15 直流電流源回路を用いた差動増幅回路

例題 5.4

式 (5.29) と式 (5.30) から I_{SS} を求めよ.

【解答】 式 (5.29) を式 (5.30) に代入すると

$$R_3^2 I_{SS}^2 - \left\{ 2R_3 \left(\frac{R_2}{R_1 + R_2} V_{GG} - V_T \right) + \frac{1}{K} \right\} I_{SS}$$
$$+ \left(\frac{R_2}{R_1 + R_2} V_{GG} - V_T \right)^2 = 0 \qquad (5.31)$$

という I_{SS} に関する 2 次方程式が得られる. この式を I_{SS} について解くと

$$I_{SS} = \frac{1}{R_3} \left(\frac{R_2}{R_1 + R_2} V_{GG} - V_T \right) + \frac{1}{2KR_3^2}$$
$$\pm \sqrt{\frac{1}{KR_3^3} \left(\frac{R_2}{R_1 + R_2} V_{GG} - V_T \right) + \frac{1}{4K^2 R_3^4}} \qquad (5.32)$$

となる. 正と負の符号があるが, ゲート・ソース間電圧 V_{GS} が $V_{GS} = R_2 V_{GG}/(R_1+R_2) - R_3 I_{SS}$ であり, この値が V_T より大きくなければならないので, 負の符号を選べばよいことがわかる.

5 章 の 問 題

□ 1 図 5.5 において，$V_{CC} = 3.0\,[\text{V}]$，$R_1 = 65\,[\text{k}\Omega]$，$R_2 = 85\,[\text{k}\Omega]$，$R_{L1} = 20\,[\text{k}\Omega]$，$R_{L2} = 5.0\,[\text{k}\Omega]$，$R_{E1} = 20\,[\text{k}\Omega]$，$R_{E2} = 13\,[\text{k}\Omega]$，バイポーラトランジスタの大信号モデルをベース・エミッタ間電圧 V_{BE} が $0.70\,\text{V}$ である図 3.10(a)，小信号モデルをエミッタ接地電流利得 β が 49，ベース広がり抵抗が $1.0\,\text{k}\Omega$ である図 3.14(d) とする．
(1) 図 5.5 の増幅回路の各節点電位を求めよ．
(2) 図 5.5 の増幅回路の電圧利得 A_v を求めよ．

□ 2 図 5.8 において，R_{E2} 以外は問題 1 と同じ素子値，同じトランジスタモデルを用い，R_{E2} を $6.0\,\text{k}\Omega$，R_{L3} を $13\,\text{k}\Omega$ とする．
(1) 図 5.8 の増幅回路の各節点電位を求めよ
(2) 図 5.8 の増幅回路の電圧利得 A_v を求めよ．

□ 3 図 5.10 の差動増幅回路について以下の問に答えよ．ただし，$V_{DD} = 1.5\,[\text{V}]$，$-V_{SS} = -1.5\,[\text{V}]$，$R_L = 20\,[\text{k}\Omega]$，$R_{SS} = 10\,[\text{k}\Omega]$ とし，MOS トランジスタのトランスコンダクタンス係数 K を $100\,\mu\text{S}\cdot\text{V}^{-1}$，しきい電圧 V_T を $0.50\,\text{V}$，ドレイン電流を表す式を式 (3.9) とする．
(1) 図 5.10 の差動増幅回路の各節点電位を求めよ．
(2) 図 5.10 の差動増幅回路の差動電圧利得 A_d を求めよ．
(3) 図 5.10 の差動増幅回路の同相電圧利得 A_c を求めよ．
(4) 図 5.10 の差動増幅回路の同相除去比 $CMRR$ を求めよ．

□ 4 図 5.14 において，$V_{GG} = 3.0\,[\text{V}]$，$R_1 = 43\,[\text{k}\Omega]$，$R_2 = 17\,[\text{k}\Omega]$ とし，MOS トランジスタのトランスコンダクタンス係数 K を $800\,\mu\text{S}\cdot\text{V}^{-1}$，しきい電圧 V_T を $0.50\,\text{V}$，ドレイン電流を表す式を式 (3.9) とする．以下の問に答えよ．
(1) 図 5.14 の I_{SS} が $50\,\mu\text{A}$ となるように R_3 の値を定めよ．
(2) 第 3 章の問題 4 で導出した MOS トランジスタの小信号モデルを用いて図 5.14 の直流電流源回路の小信号モデルを求めよ．
(3) (2) で求めた小信号モデルにおいて，電流 I_{SS} が流れ込む端子から見たインピーダンスを求めよ．ただし，$g_m = 2\sqrt{KI_D}$，$r_d = 1/\lambda I_D$，$\lambda = 0.030\,\text{V}^{-1}$ とする．

□ 5 図 5.15 の差動増幅回路の R_1，R_2，R_3，M_3 からなる部分を問題 4 と同じ素子値，同じトランジスタで構成し，他の素子の値は問題 3 と同じとする．このとき，図 5.15 の差動増幅回路の $CMRR$ を求めよ．

第6章

増幅回路の周波数特性

　これまでは，増幅回路が増幅できる信号の周波数については考えてこなかった．しかし，実際には信号の周波数が低くなると，結合容量やバイパス容量の影響を受け，入力信号が出力に伝わりにくくなり，増幅利得が低下する．また，信号の周波数が高くなると，トランジスタ内部の寄生容量などの影響でトランジスタの特性が劣化し，やはり増幅利得が低下する．本章では，このように信号の周波数によって，増幅回路の特性がどのように変化するかを効率的に解析する手法について説明する．

```
6.1  周波数特性とは
6.2  周波数特性の解析
```

6.1 周波数特性とは

信号の周波数によって，回路の特性が変化することを**周波数特性**と呼ぶ．一般に，増幅回路の周波数特性は結合容量やバイパス容量，トランジスタ内部の寄生容量などによって定まる．通常用いられている結合容量やバイパス容量の値は数 μF から数十 μF であるため，ある程度高い周波数では他の素子と比べてインピーダンスの絶対値が小さいので，前章までは，増幅回路の小信号モデルにおいて結合容量やバイパス容量を短絡してきた．しかし，信号の周波数が低い領域では，結合容量やバイパス容量のインピーダンスの絶対値が他の素子のそれと比べて十分に小さいとして無視することができない．一方，トランジスタ内部に含まれる寄生容量はそのインピーダンスの絶対値が十分大きいため開放として扱い，結合容量やバイパス容量と同様に，増幅回路の小信号モデルにおいては考慮しなかった．しかし，周波数が高くなると，寄生容量のインピーダンスの絶対値が小さくなるため無視することができなくなる．すなわち，低い周波数領域では結合容量やバイパス容量の影響を考慮し，高い周波数領域ではトランジスタ内部の寄生容量を考慮しなければならない．

増幅回路の利得を A としたとき，結合容量やバイパス容量，トランジスタ内部の寄生容量の影響を考慮すると，一般に A は複素数となる．このとき，A の絶対値 $|A|$ を**振幅特性**，A の偏角 $\arg A$ を**位相特性**と呼ぶ．増幅回路において，増幅利得の大きさ，すなわち振幅特性を問題にすることが多い．図 6.1 に，一般的な増幅回路の振幅特性を示す．この図において，A_0 は**中域利得**と呼ばれ，前章までの解析方法で求めていた利得である．一般に平坦な部分の周波数領域

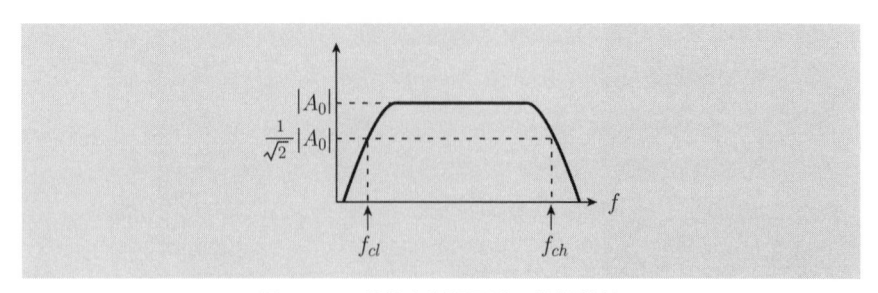

図 6.1　一般的な増幅回路の振幅特性

6.1 周波数特性とは

で利得の大きさは最大となり，その大きさ $|A_0|$ の $1/\sqrt{2}$ 倍となる周波数を**遮断周波数**と呼ぶ．特に，低周波側の遮断周波数 f_{cl} を**低域遮断周波数**，高周波側の遮断周波数 f_{ch} を**高域遮断周波数**と区別して呼ぶことが多い．さらに，高域遮断周波数と低域遮断周波数の差 $f_{ch} - f_{cl}$ を**増幅帯域幅**あるいは単に**帯域幅**と呼ぶ．

図 6.1 のような振幅特性となる利得 A は

$$A = \frac{A_0}{\left(1 + \dfrac{jf}{f_{ch}}\right)\left(1 + \dfrac{f_{cl}}{jf}\right)} \tag{6.1}$$

という式で表され，一般に $f_{ch} \gg f_{cl}$ が成り立つ．低域遮断周波数を求める場合，信号周波数 f は f_{cl} に近いので式 (6.1) を

$$A = \frac{A_0}{1 + \dfrac{f_{cl}}{jf}} \tag{6.2}$$

と近似することができる．一方，高域遮断周波数を求める場合は，信号周波数 f は f_{ch} に近いので式 (6.1) を

$$A = \frac{A_0}{1 + \dfrac{jf}{f_{ch}}} \tag{6.3}$$

と近似することができる．

6.2 周波数特性の解析

本節では，図 4.7(a) のエミッタ接地増幅回路を例に用いて，増幅回路の周波数特性の解析方法を説明する．

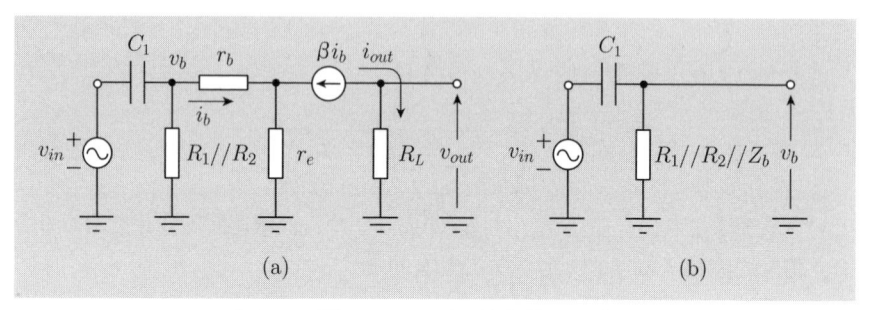

図 6.2 図 4.7(a) の低周波小信号モデル

■6.2.1 低域遮断周波数の解析

低域遮断周波数を求めるためには，結合容量 C_1 とバイパス容量 C_E の影響を解析しなければならないが，解析が複雑になるので，ここでは C_E の値は十分に大きいとしてその影響を無視し，C_1 の影響だけを考える．このとき，図 4.7(a) の小信号モデルは図 6.2(a) となる．この図において，容量 C_1 はそのインピーダンスの絶対値が信号の周波数によって変化するが，それ以外の素子は信号の周波数に関わりなく値が一定である．このため，電圧 v_b と出力電圧 v_{out} は同じように増減する．すなわち，信号周波数が変化したとき，電圧 v_b が 2 倍になれば，出力電圧 v_{out} も 2 倍となるので，低域遮断周波数となる電圧利得 v_{out}/v_{in} の絶対値がその最大値の $1/\sqrt{2}$ 倍となる周波数は v_b/v_{in} の絶対値がその最大値の $1/\sqrt{2}$ 倍となる周波数と一致する．したがって，低域遮断周波数だけを求めるのであれば，電圧利得 v_{out}/v_{in} を求める必要はなく，v_b/v_{in} を求めれば十分である．電流制御電流源や抵抗 r_b，r_e，R_L からなる回路は，式 (4.37) で与えられる Z_b という値の抵抗と同じ働きをするので，Z_b という値の抵抗に置き換えて考えればよい．したがって，図 6.2(b) を用いて，v_b/v_{in} を求めると

$$\frac{v_b}{v_{in}} = \frac{1}{1 + \dfrac{1}{j\omega C_1 (R_1//R_2//Z_b)}} \tag{6.4}$$

となる．この式と式 (6.2) を比較すれば，$|v_b/v_{in}|$ の最大値は 1 であり，$|v_b/v_{in}|$ が $1/\sqrt{2}$ となる周波数，すなわち，低域遮断周波数 f_{cl} が

$$f_{cl} = \frac{1}{2\pi C_1 (R_1 // R_2 // Z_b)} \tag{6.5}$$

であることがわかる．

例題 6.1

$C_1 = 10\,[\mu\mathrm{F}]$，$R_1 = 65\,[\mathrm{k}\Omega]$，$R_2 = 85\,[\mathrm{k}\Omega]$，$Z_b = 27\,[\mathrm{k}\Omega]$ のとき，低域遮断周波数 f_{cl} を求めよ．また，C_1 以外は同じ素子値としたとき，f_{cl} が $10\,\mathrm{Hz}$ であった．このときの C_1 を求めよ．

【解答】 $C_1 = 10\,[\mu\mathrm{F}]$，$R_1 = 65\,[\mathrm{k}\Omega]$，$R_2 = 85\,[\mathrm{k}\Omega]$，$Z_b = 27\,[\mathrm{k}\Omega]$ の数値を式 (6.5) に代入すると，$f_{cl} \simeq 1.0\,[\mathrm{Hz}]$ となる．また，C_1 以外は同じ素子値のとき，f_{cl} が 10 倍になっているので，C_1 は $10\,\mu\mathrm{F}$ の 1/10 倍，すなわち，$1.0\,\mu\mathrm{F}$ となる． ■

■6.2.2 高域遮断周波数の解析

高域遮断周波数を求めるには，トランジスタ内部の寄生容量について考慮しなければならない．バイポーラトランジスタの場合，ベース・エミッタ間とコレクタ・ベース間の p 型半導体と n 型半導体が容量の働きをする．また，信号周波数が高くなると，エミッタから注入されるキャリアのコレクタへの伝達に遅れが生じる．これらの効果を，図 6.3(a) に示す小信号モデルを用いて表すことができる．ただし，α は

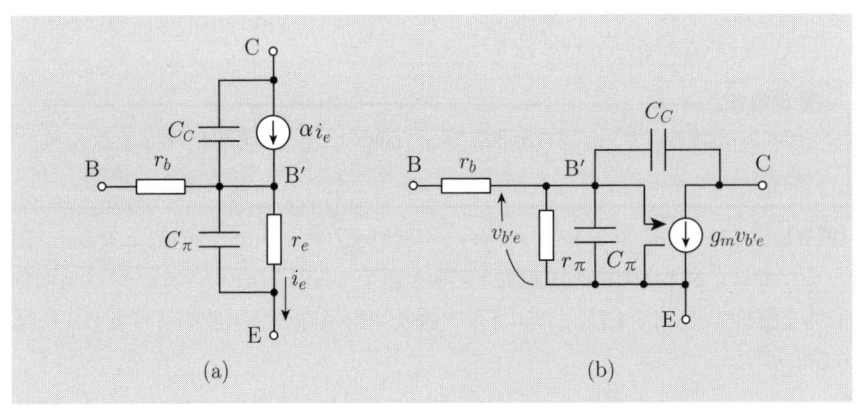

図 6.3 バイポーラトランジスタの高周波小信号モデル

$$\frac{\alpha_0}{1 + \dfrac{j\omega}{\omega_\alpha}} \tag{6.6}$$

であり，α_0 は直流におけるベース接地電流増幅率，ω_α は **α 遮断角周波数**と呼ばれ，

$$\omega_\alpha = \frac{1}{C_\pi r_e} \tag{6.7}$$

である．また，図 6.3(a) の小信号モデルは図 6.3(b) の小信号モデルに等価変換することができる．ただし，

$$g_m = \frac{\alpha_0}{r_e} \tag{6.8}$$

$$r_\pi = \frac{r_e}{1 - \alpha_0} \tag{6.9}$$

である．

MOS トランジスタでは，キャリアが主に電界によって移動するため，バイポーラトランジスタのような伝達の遅れは生じない．しかし，ゲート端子とソース端子，ドレイン端子とゲート端子などの端子間の容量が MOS トランジスタの周波数特性に影響する．図 6.4 に MOS トランジスタの小信号モデルを示す．この図に示す 2 個の小信号モデルは $g_m = 1/r_s$ という条件の下で等価である．また，これらのモデルでは，ゲート・ソース間とドレイン・ゲート間の寄生容量だけが考慮されている．たとえば，集積回路上に MOS トランジスタを作成した場合は，ドレインと接地間やソースと接地間にも比較的大きな寄生容量が生じるので，適宜寄生容量を加える必要がある．

■ **例題 6.2**

図 6.3(a) において，$r_e = 520\,[\Omega]$，$\alpha = 0.98$ のとき，図 6.3(b) の g_m と r_π を求めよ．

【解答】式 (6.8) と式 (6.9) から g_m と r_π はそれぞれ約 $1.9\,\mathrm{mS}$，$26\,\mathrm{k\Omega}$ となる．■

ここでは，図 6.3(b) の小信号モデルを用いて図 4.7(a) のエミッタ接地増幅回路を解析する．図 4.7(a) のエミッタ接地増幅回路の高周波小信号モデルを図 6.5 に示す．

6.2 周波数特性の解析

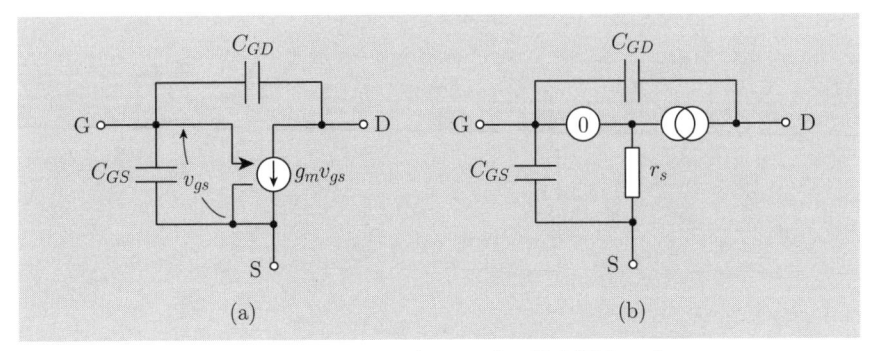

図 6.4 MOS トランジスタの高周波小信号モデル

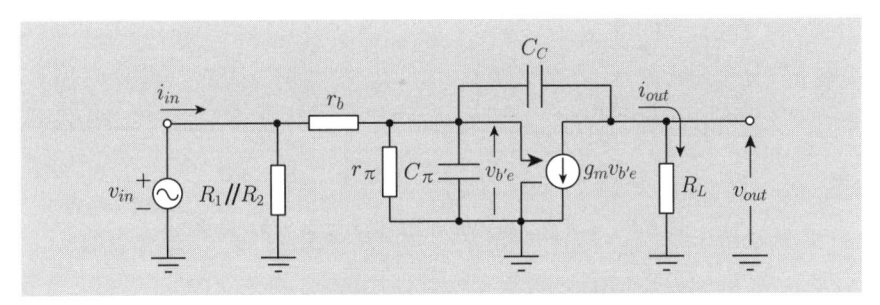

図 6.5 エミッタ接地増幅回路の高周波小信号モデル (1)

図 6.5 では，容量が 2 個あるため解析が複雑となる．そこで，近似を用いて，容量の数を 1 個にする方法を説明する．図 6.6(a) は図 6.5 の小信号モデルの一部を示している．電源の等価性から，電圧制御電流源を電圧制御電圧源に置き換えることにより，図 6.6(a) は図 6.6(b) に等価変換することができる．ただし，$-K$ は電圧制御電圧源の電圧利得であり，$K = g_m R_L$ である．図 6.6(b) において，容量 C_C は信号周波数が低い間は，そのインピーダンスの絶対値が十分大きいとして無視していた素子である．信号周波数が高くなると，そのインピーダンスが低下するため考慮しなければならないが，遮断周波数付近では R_L の大きさと比較して，まだ十分大きいと考えることができる．逆に，R_L の大きさは C_C のインピーダンスの絶対値よりも十分小さいので無視することができる．図 6.6(b) の R_L を無視すると，図 6.6(c) が得られる．図 6.6(c) は電圧制御電圧源の入力端子と出力端子の間に容量 C_C が接続された回路であり，

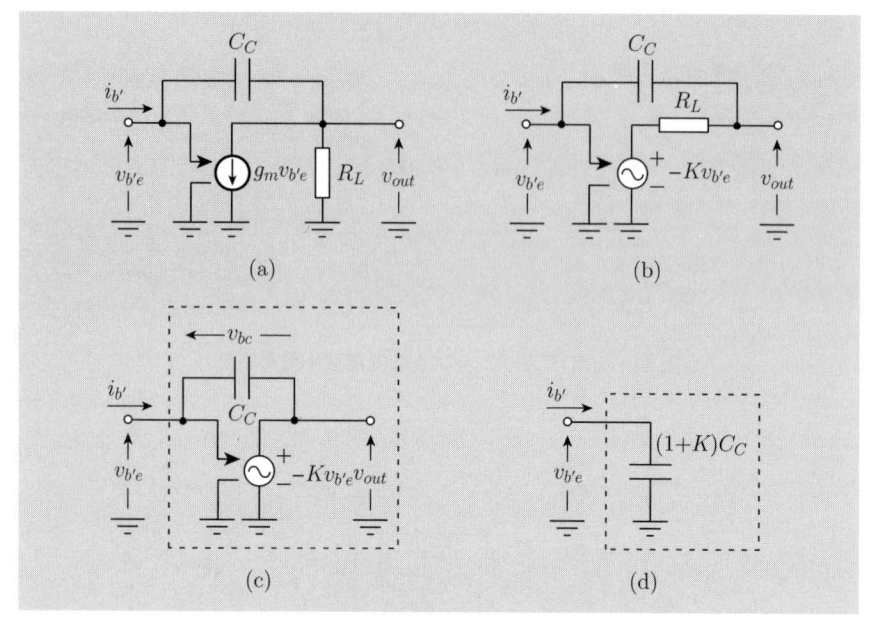

図 6.6　エミッタ接地増幅回路におけるミラー効果

　容量 C_C の片方の端子が接地された場合よりも容量 C_C には $1+K$ 倍の電圧が加わることになる．このため，容量 C_C に流れ込む電流も $1+K$ 倍となるので，容量値が $1+K$ 倍されたことと等価となる．したがって，図 6.6(c) は図 6.6(d) に等価変換される．図 6.6(c) の電圧制御電圧源は一種の電圧増幅回路であり，図 6.6(c) のように $-K$ 倍の逆相増幅回路の入力端子と出力端子の間に接続された容量が片方の端子が接地された $1+K$ 倍の値の容量と等価となることを**ミラー効果**と呼ぶ．

　以上の変換を図 6.5 の小信号モデルに用いると，図 6.7 の小信号モデルが得られる．ただし，C_t は

$$C_t = C_\pi + (1 + g_m R_L) C_C \tag{6.10}$$

である．図 6.7 の小信号モデルにおいてミルマンの定理を用いると，$v_{b'e}$ は

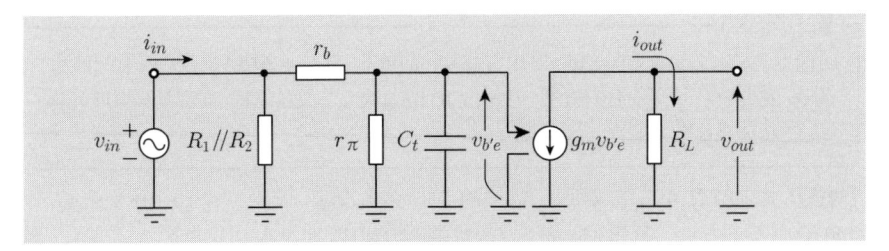

図 6.7 エミッタ接地増幅回路の高周波小信号モデル (2)

$$v_{b'e} = \frac{\dfrac{1}{r_b}v_{in}}{\dfrac{1}{r_b} + \dfrac{1}{r_\pi} + j\omega C_t} \qquad (6.11)$$

となる. さらに, v_{out} は $v_{b'e}$ を用いて

$$v_{out} = -g_m R_L v_{b'e} \qquad (6.12)$$

と表されるので, 電圧利得 $A_v = v_{out}/v_{in}$ は

$$A_v = \frac{-g_m R_L r_\pi}{r_b + r_\pi + j\omega C_t r_b r_\pi} \qquad (6.13)$$

となる. この式と式 (6.3) を比較すれば, 中域利得 A_0 と高域遮断周波数 f_{ch} が

$$A_0 = \frac{-g_m R_L r_\pi}{r_b + r_\pi} \qquad (6.14)$$

$$f_{ch} = \frac{r_b + r_\pi}{2\pi C_t r_b r_\pi} \qquad (6.15)$$

であることがわかる.

本章では, エミッタ接地増幅回路を例題として, 増幅回路の周波数特性の解析方法について説明した. 本章で説明した解析方法は, バイポーラトランジスタを MOS トランジスタに置き換えれば, ソース接地増幅回路にも適用することができる[1].

---

[1] ベース接地増幅回路やコレクタ接地増幅回路, ゲート接地増幅回路, ドレイン接地増幅回路の解析方法については, たとえば, 拙著「アナログ電子回路 [初めて学ぶ人のために]」(培風館) を参照のこと.

例題 6.3

図 6.7 において，$R_1 = 65\,[\text{k}\Omega]$，$R_2 = 85\,[\text{k}\Omega]$，$R_L = 20\,[\text{k}\Omega]$，$r_b = 1.0\,[\text{k}\Omega]$，$r_\pi = 26\,[\text{k}\Omega]$，$g_m = 1.9\,[\text{mS}]$，$C_C = 10\,[\text{fF}]$，$C_\pi = 100\,[\text{fF}]$ のとき，中域利得 A_0 と高域遮断周波数 f_{ch} を求めよ．

【解答】 式 (6.14) から中域利得 A_0 は約 -37 倍となる．また，式 (6.10) から C_t が $490\,\text{fF}$ となるので，式 (6.15) から f_{ch} は約 $340\,\text{MHz}$ となる． ■

6 章 の 問 題

☐ **1** 図 6.8(a) と (b) はそれぞれ小信号成分に関して単体のバイポーラトランジスタと MOS トランジスタのコレクタ端子とエミッタ端子，ドレイン端子とソース端子を接地し，ベース端子とゲート端子から電流源により電流を加えた回路である．それぞれの回路において，$|i_c/i_b|$ と $|i_d/i_g|$ が 1 倍となる周波数 f_T は**遷移周波数**と呼ばれており，トランジスタが増幅作用を示す最大周波数の目安となっている．図 6.8 からバイポーラトランジスタと MOS トランジスタの遷移周波数を求めよ．

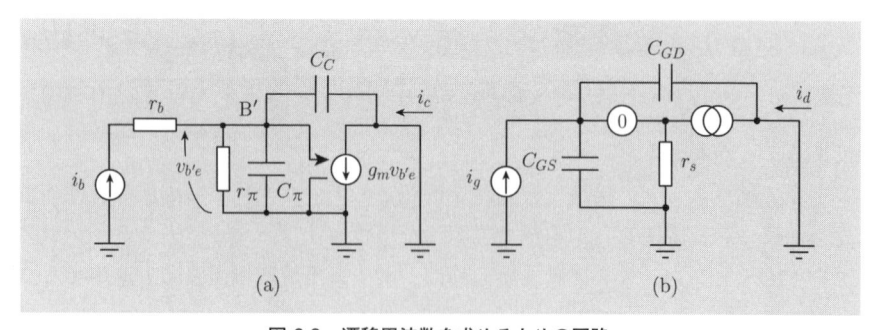

図 6.8 遷移周波数を求めるための回路

☐ **2** 図 6.5 のエミッタ接地増幅回路の小信号モデルを近似を用いずにキルヒホッフの法則だけを用いて解析し，近似的に求めた電圧利得を表す式 (6.13) に対応する式を求めよ．

6 章 の 問 題

□ **3** 図 4.7(a) において，$V_{CC} = 3.0\,[\text{V}]$，$R_1 = 85\,[\text{k}\Omega]$，$R_2 = 65\,[\text{k}\Omega]$，$R_L = 8.0\,[\text{k}\Omega]$，$R_E = 6.0\,[\text{k}\Omega]$，トランジスタのモデルがベース・エミッタ間電圧 $V_{BE} = 0.70\,[\text{V}]$ である図 3.10(a) の大信号モデル，ベース広がり抵抗 $r_b = 1.0\,[\text{k}\Omega]$，ベース接地電流増幅率 $\alpha = 0.98$ である図 3.14(c) の小信号モデルであるとき，中域利得 A_0 を求めよ．また，低域遮断周波数 f_{cl} が $1.0\,\text{kHz}$，高域遮断周波数 f_{ch} が $300\,\text{MHz}$ であった．容量 C_1 とバイポーラトランジスタの寄生容量 C_π の値をミラー効果を適用するための近似を用いて求めよ．ただし，バイポーラトランジスタのもう一つの寄生容量 C_C の値を $10\,\text{fF}$ とする．

□ **4** 図 6.9 にソース接地増幅回路を示す．ただし，抵抗 ρ は電源の内部抵抗を表しており，その値を $20\,\text{k}\Omega$ とする．また，ソース接地増幅回路の各素子値を $V_{DD} = 3.0\,[\text{V}]$，$R_1 = 65\,[\text{k}\Omega]$，$R_2 = 85\,[\text{k}\Omega]$，$R_S = 20\,[\text{k}\Omega]$ とし，MOS トランジスタのトランスコンダクタンス係数 K が $500\,\mu\text{S}\cdot\text{V}^{-1}$，しきい電圧 V_T が $0.50\,\text{V}$，ドレイン電流を表す式が式 (3.9) であり，MOS トランジスタ高周波小信号モデルを図 6.4(b) とし，C_{GS} を $100\,\text{fF}$，C_{GD} を $10\,\text{fF}$ とする．必要ならばミラー効果を適用するための近似を用い，以下の問に答えよ．

(1) R_L を $0\,\Omega$ から増加させていくと，MOS トランジスタの動作領域が切り替わる．このときの R_L を求めよ．

(2) (1) で求めた値の $1/2$ 倍の R_L を用いたときの電圧利得 $A_v = v_{out}/v_{in}$ と高域遮断周波数 f_{ch} を求めよ．

(3) (1) で求めた値の $1/4$ 倍の R_L を用いたときの電圧利得 $A_v = v_{out}/v_{in}$ と高域遮断周波数 f_{ch} を求めよ．

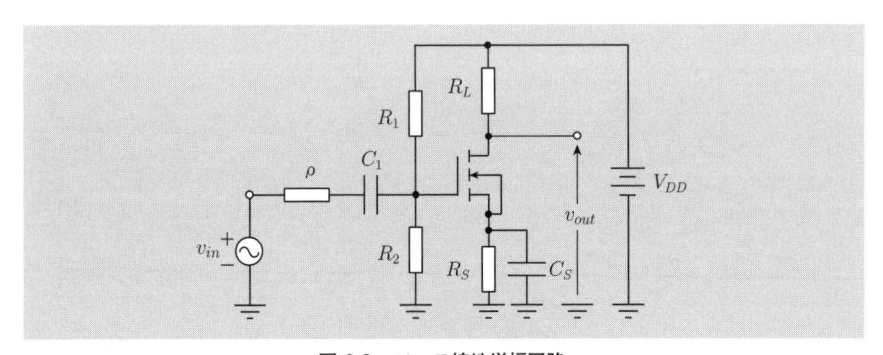

図 6.9 ソース接地増幅回路

□ 5 図 6.10 に示すドレイン接地増幅回路において，$V_{DD} = 3.0\,[\mathrm{V}]$，$R_1 = 65\,[\mathrm{k\Omega}]$，$R_2 = 85\,[\mathrm{k\Omega}]$，$R_L = 20\,[\mathrm{k\Omega}]$，MOS トランジスタのトランスコンダクタンス係数 K が $500\,\mu\mathrm{S\cdot V^{-1}}$，しきい電圧 V_T が $0.50\,\mathrm{V}$，ドレイン電流を表す式が式 (3.9) であり，MOS トランジスタ高周波小信号モデルを図 6.4(b) とし，C_{GS} を 100 fF，C_{GD} を 10 fF とする．このとき，図 6.10 のドレイン接地増幅回路の電圧利得 $A_v = v_{out}/v_{in}$ が信号周波数に依存しないように C_L の値を定め，そのときの A_v を求めよ．ただし，容量 C_1 の値は十分大きく，図 6.10 のドレイン接地増幅回路の周波数特性に影響しないものとする．

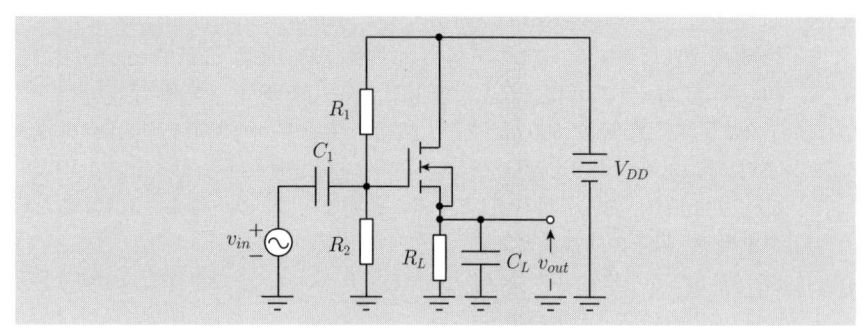

図 6.10　ドレイン接地増幅回路

第7章

負帰還増幅回路

　第5章では,基本増幅回路の特性を改善するための相互接続について学んだ.増幅回路の特性を改善する他の方法として**負帰還回路技術**が知られている.負帰還回路技術とは,入力に出力信号の一部を戻し,入力信号との差を取った後に増幅して出力とする構成手法である.負帰還回路技術を用いることにより,増幅回路の特性を安定にしたり,入出力インピーダンスを改善することができる.本章では,負帰還回路技術により,どのように特性が改善されるかについて説明する.また,負帰還回路技術を用いると,回路が不安定となる場合があるので,安定に動作するための条件についても説明する.最後に,第2章で学んだ演算増幅器は負帰還増幅回路の増幅部に用いられることから,演算増幅器の特性と負帰還回路の関係について述べる.

7.1　負帰還増幅回路の特徴
7.2　負帰還増幅回路の安定性
7.3　負帰還回路と演算増幅器

7.1 負帰還増幅回路の特徴

■ 7.1.1 負帰還回路技術による出力の安定化

図 7.1 は負帰還回路の動作原理を表している．S_{in} や S_{out}，S_i は電圧あるいは電流信号であり，丸印で囲まれたプラスの記号は信号の加算を表し，さらに三角形は増幅部を，長方形は減衰部を表している．増幅部では S_i という信号を A 倍し，S_{out} として出力している[1]．また，S_{out} は減衰部によって H 倍され，HS_{out} という信号が減衰部から出力される[2]．この HS_{out} という信号は，-1 倍された後に，入力信号 S_{in} と加算され，S_i となる[3]．以上のことから，S_{out} と S_i は

$$S_{out} = AS_i \tag{7.1}$$

$$S_i = S_{in} - HS_{out} \tag{7.2}$$

となる．これらの式から S_i を消去すると

$$S_{out} = \frac{A}{1+AH}S_{in} = GS_{in} \tag{7.3}$$

という入力信号 S_{in} と出力信号 S_{out} の関係式が得られる．ただし，G は

$$G = \frac{A}{1+AH} \tag{7.4}$$

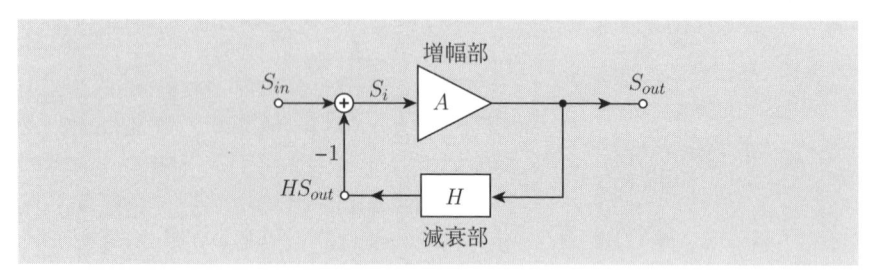

図 7.1　負帰還増幅回路の動作原理

---

[1] A は増幅部の利得であるので，一般に $|A|>1$ である．
[2] H は減衰部の利得であるので，一般に $|H|<1$ である．
[3] 負帰還とは，出力から帰還される信号が入力信号と逆相で入力信号に加算されることである．すなわち，図 7.1 において，A と H と -1 の積が負となる場合が負帰還である．一方，A と H と -1 の積が正となる場合は**正帰還**と呼ばれる．

7.1 負帰還増幅回路の特徴

である．式 (7.3) において AH は**開ループ利得**と呼ばれている．

開ループ利得 AH について $|AH| \gg 1$ が成り立つと仮定すると，式 (7.3) を

$$S_{out} \simeq \frac{1}{H} S_{in} \tag{7.5}$$

と近似することができる．この式は近似的に減衰部の特性のみで入力信号と出力信号の関係が定まることを表しており，しかも $1/|H| > 1$ であるので，増幅回路として動作することがわかる．さらに，一般に温度などの環境の変化によって特性が変わりやすいトランジスタは増幅部で用いられ，特性が変わりにくい抵抗や容量などは減衰部で用いられる．したがって，$|AH| \gg 1$ が成り立つならば，式 (7.5) から安定な増幅回路を実現できることが期待される．

■ **例題 7.1**

$A = 10000$，$H = 0.10$ としたときの G を求めよ．さらに，H を 0.10 に保って A を 10%増加させたとき，A を 10000 に保って H を 10%増加させたとき，それぞれの G を求めよ．

【解答】 $A = 10000$，$H = 0.10$ のとき，G は $G \simeq 10$ となる．また，$H = 0.10$，$A = 1010$ のときは $G \simeq 9.9$，$A = 10000$，$H = 0.11$ のときは $G \simeq 9.1$ となる．このように，負帰還増幅回路では，$|AH| \gg 1$ が成り立てば増幅部の利得の変化に対して入力信号と出力信号の関係を表す G の変化はわずかであるが，減衰部の利得の変化に対しては G の変化は比較的大きい． ■

■7.1.2 負帰還回路技術による出力信号歪みの低減

一般に増幅回路を，図 7.2(a) の破線のように，入力信号と出力信号が比例するように設計するが，実際には，この図の実線のように比例関係にはならない．このため，入力信号が正弦波であっても，図 7.2(b) の破線で示す正弦波とはならず，実線のようになり，出力信号に歪みが生じる．

図 7.3 を用いて，歪みの影響について負帰還増幅回路と負帰還回路技術を用いていない増幅回路を比較してみる．図 7.3(a) は負帰還増幅回路であり，図 7.3(b) は負帰還回路技術を用いていない増幅回路である．また，図 7.3 において，D は出力に生じる歪みを表している．すなわち，D は本来比例しなければならない入力信号 S_{in} と S_{out} が比例しなくなることを表している成分であり，図 7.2(a) の破線と実線の差に相当する．したがって，出力信号 S_{out} の大きさが同じならば，図 7.3(a) と (b) の D の大きさも同じと考えることができる．

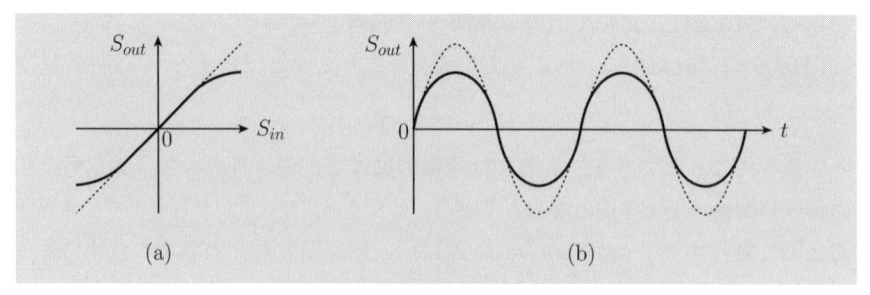

図7.2 増幅回路の入出力特性

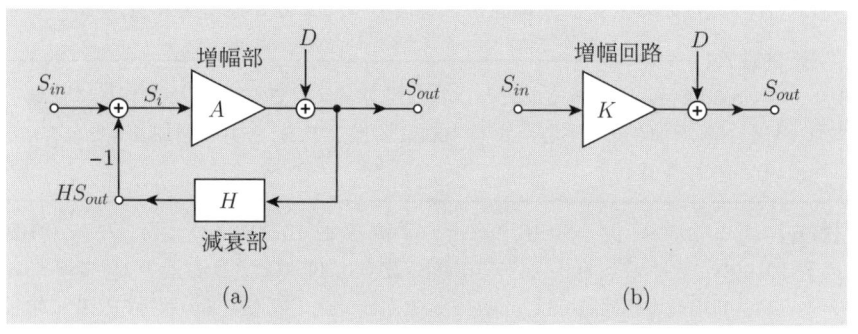

図7.3 負帰還増幅回路と負帰還回路技術を用いていない増幅回路の歪み

図 7.3(a) の S_{out} と S_i は

$$S_{out} = AS_i + D \tag{7.6}$$

$$S_i = S_{in} - HS_{out} \tag{7.7}$$

となる．これらの式から S_i を消去すると

$$S_{out} = \frac{A}{1+AH}S_{in} + \frac{1}{1+AH}D \tag{7.8}$$

という式が得られる．一方，図 7.3(b) の S_{out} は

$$S_{out} = KS_{in} + D \tag{7.9}$$

となる．この式において，利得 K を

$$K = \frac{A}{1+AH} \tag{7.10}$$

7.1 負帰還増幅回路の特徴

とすれば，式 (7.8) と式 (7.9) の D の大きさは同じになるが，式 (7.8) においては D が $1/(1+AH)$ 倍されるので図 7.3(a) の S_{out} に混ざる歪みは図 7.3(b) のそれよりも小さいことがわかる．

■7.1.3　負帰還回路技術による帯域幅の拡大

第 6 章で学んだように，一般に増幅回路の利得 A は周波数によって変化し，A を

$$A = \frac{A_0}{\left(1 + \dfrac{jf}{f_{ch}}\right)\left(1 + \dfrac{f_{cl}}{jf}\right)} \tag{7.11}$$

と表すことができる．ただし，f_{ch} は高域遮断周波数，f_{cl} は低域遮断周波数，A_0 は中域利得であり，一般に，$f_{ch} \gg f_{cl}$ が成り立つ．

式 (7.11) を式 (7.4) に代入すれば，負帰還増幅回路の利得 G は

$$G = \frac{G_0}{\left(1 + \dfrac{jf}{f_{fb-ch}}\right)\left(1 + \dfrac{f_{fb-cl}}{jf}\right)} \tag{7.12}$$

となる．ただし，G_0, f_{fb-ch}, f_{fb-cl} は

$$G_0 = \frac{A_0}{1 + A_0 H} \tag{7.13}$$

$$f_{fb-ch} = (1 + A_0 H)f_{ch} \tag{7.14}$$

$$f_{fb-cl} = \frac{1}{1 + A_0 H}f_{cl} \tag{7.15}$$

であり，また，式 (7.12) は $f_{ch} \gg f_{cl}$ という近似を用いて導かれている．

式 (7.14) と式 (7.15) から明らかなように，負帰還回路技術を用いることにより，高域遮断周波数は $1 + A_0 H$ 倍，低域遮断周波数は $1/(1 + A_0 H)$ 倍され，信号を増幅できる帯域幅が広がることがわかる．

■7.1.4　負帰還回路技術による入出力インピーダンスの改善

負帰還回路技術を用いることにより入力インピーダンスや出力インピーダンスを変えることができる．図 7.4(a) に示す結線は**直列接続**と呼ばれている．入力端子対どうしあるいは出力端子対どうしを直列接続すれば，入力インピーダンスあるいは出力インピーダンスが $1 + AH$ 倍となる．ただし，A は増幅部の利得，H は減衰部の利得である．また，図 7.4(b) に示す結線は**並列接続**と呼ば

(a) 直列接続　　(b) 並列接続

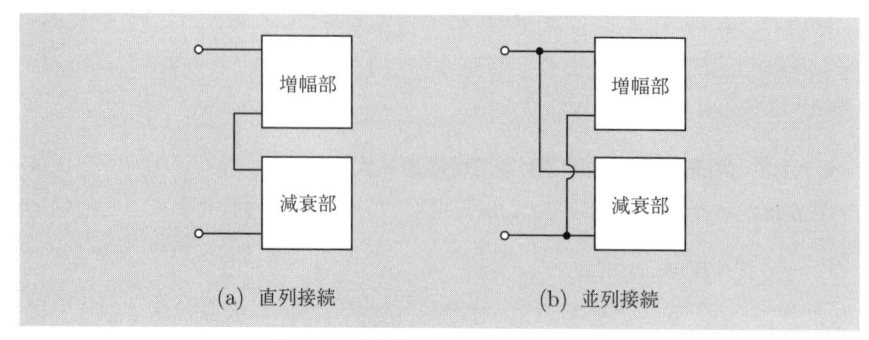

図 7.4　増幅部と減衰部の結線方法

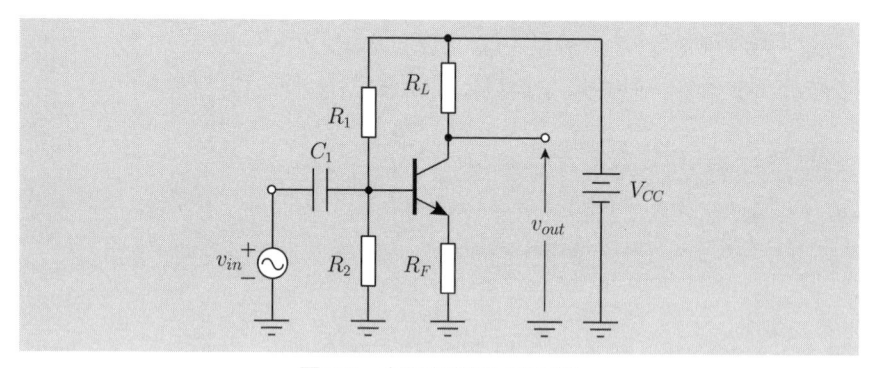

図 7.5　負帰還増幅回路の例

れており，入力端子対どうしあるいは出力端子対どうしを並列接続すれば，入力インピーダンスあるいは出力インピーダンスが $1/(1+AH)$ 倍となる．ただし，実際の増幅回路では，負帰還回路技術を用いても，バイアスのための抵抗などのインピーダンスは変化しないため，インピーダンスが $1+AH$ 倍あるいは $1/(1+AH)$ 倍にならないことが多い．次項において，実際の増幅回路の例を用いて入出力インピーダンスの変化や帯域幅の変化について解析を行う．

■ 7.1.5　負帰還回路技術による特性改善の例

ここでは，負帰還増幅回路の例を用いて，特性がどのように改善されるかについて説明する．

図 7.5 に負帰還増幅回路の例を示す．この増幅回路は，第 4 章で説明したエ

7.1 負帰還増幅回路の特徴

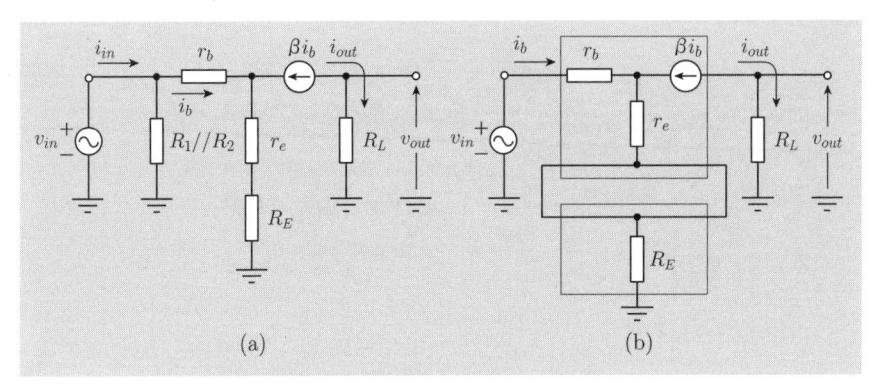

図 7.6　図 7.5 の小信号モデル

ミッタ接地増幅回路からバイパス容量を開放除去した回路である．この回路の小信号モデルは図 7.6(a) となる．このモデルからでは，負帰還増幅回路であることがわかりにくいが，増幅に関係しないバイアス抵抗 R_1 と R_2 を取り除き，エミッタ抵抗 r_e と抵抗 R_F の接続部分を描き直すと，図 7.6(b) が得られる．この図において，四角く囲まれた上側の部分が増幅部であり，下側の部分が減衰部であることがわかる．入力側と出力側はともに直列接続となっている．

図 7.6(a) に基づき，電圧利得 $G = v_{out}/v_{in}$ を求めると，エミッタ接地増幅回路のエミッタ抵抗 r_e が r_e と R_F の直列回路に代わるだけなので

$$G = \frac{v_{out}}{v_{in}} = \frac{-\beta R_L}{r_b + (1+\beta)(r_e + R_F)} \tag{7.16}$$

となる．さらに，この式を

$$G = \frac{\dfrac{-\beta R_L}{r_b + (1+\beta)r_e}}{1 + \dfrac{\beta R_L}{r_b + (1+\beta)r_e} \times \dfrac{(1+\beta)R_F}{\beta R_L}} \tag{7.17}$$

と変形すると，増幅部の利得 A が

$$A = \frac{-\beta R_L}{r_b + (1+\beta)r_e} \tag{7.18}$$

であり，エミッタ接地増幅回路の電圧利得と等しく，減衰部の利得 H が

$$H = \frac{(1+\beta)R_F}{\beta R_L} \tag{7.19}$$

であることがわかる.

次に,入力インピーダンスを求めてみる.バイアス抵抗 R_1 と R_2 は増幅には関係しないため,これらを取り除いた図 7.6(b) から入力インピーダンス $Z_{fb-in} = v_{in}/i_b$ を求めると

$$Z_{fb-in} = \frac{v_{in}}{i_b} = r_b + (1+\beta)(r_e + R_F) \tag{7.20}$$

となる.この式も

$$Z_{fb-in} = \{r_b + (1+\beta)\}\left\{1 + \frac{\beta R_L}{r_b + (1+\beta)r_e} \times \frac{(1+\beta)R_F}{\beta R_L}\right\} \tag{7.21}$$

と書き直せば,増幅部の利得と減衰部の利得がそれぞれ式 (7.18) と式 (7.19) であることがわかる.しかし,実際の入力インピーダンス $Z_{in} = v_{in}/i_{in}$ はバイアス抵抗 R_1 と R_2 を含めて考えなければならないので,バイアス抵抗 R_1 と R_2 が Z_{fb-in} に並列に接続されていることから Z_{in} は

$$Z_{in} = R_1 // R_2 // Z_{fb-in} \tag{7.22}$$

となる.

最後に,図 7.5 の負帰還増幅回路の周波数特性について考えてみる.

図 7.7 に低周波領域における図 7.5 の小信号モデルを示す.第 6 章で説明したとおり,電圧 v_b と出力電圧 v_{out} は同じように増減するので,低域遮断周波数だけを求めるのであれば電圧利得 v_{out}/v_{in} を求める必要はなく,v_b/v_{in} を求めれば十分である.したがって,電流制御電流源や抵抗 r_b, r_e, R_E, R_L の影

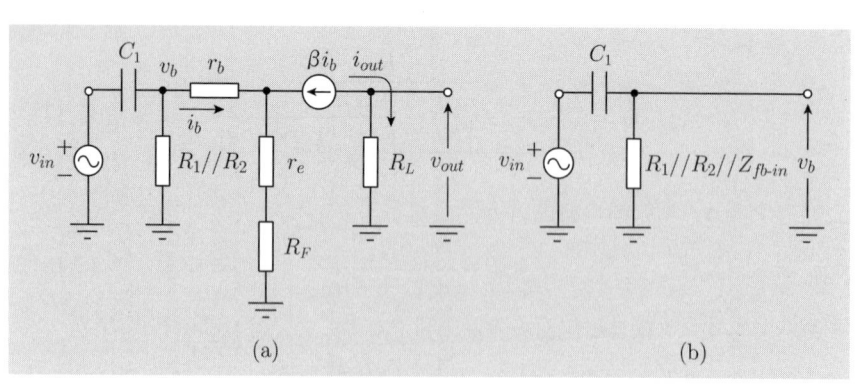

図 7.7 低周波領域における図 7.5 の小信号モデル

7.1 負帰還増幅回路の特徴

響は，値が Z_{fb-in} である抵抗に置き換えて考えることができる．

以上から，図 7.7(b) を用いて，v_b/v_{in} を求めると

$$\frac{v_b}{v_{in}} = \frac{j\omega C_1(R_1//R_2//Z_{fb-in})}{1+j\omega C_1(R_1//R_2//Z_{fb-in})} = \frac{j\omega C_1 Z_{in}}{1+j\omega C_1 Z_{in}} \qquad (7.23)$$

となる．この式から低域遮断周波数 f_{fb-cl} が

$$f_{fb-cl} = \frac{1}{2\pi C_1 Z_{in}} \qquad (7.24)$$

であることがわかる．

負帰還増幅回路でない構成の場合，すなわち，$R_F = 0$ の場合は Z_{fb-in} が $r_b + (1+\beta)r_e$ に置き換わる．この結果，抵抗 R_1 と R_2 が開放であれば，負帰還増幅回路の構成にすると低域遮断周波数が $1/(1+AH)$ 倍になることがわかる．逆に，増幅に関係しない抵抗 R_1 と R_2 があるため，負帰還増幅回路にしても低域遮断周波数は $1/(1+AH)$ 倍までは低減できない．

高域遮断周波数は主としてトランジスタ内部の寄生容量で決まるが，一般にトランジスタ内部には考慮しなければならない寄生容量が複数あるため解析が複雑となる．さらに，複雑な解析を行って高域遮断周波数を求めたとしても，低域遮断周波数と同様に，負帰還増幅回路でない構成から負帰還増幅回路の構成にしても，単純に高域遮断周波数が $1+AH$ 倍されるわけではない．

■ 例題 7.2
図 7.6 において，$R_1 = 65\,[\mathrm{k\Omega}]$，$R_2 = 85\,[\mathrm{k\Omega}]$，$R_L = R_F = 20\,[\mathrm{k\Omega}]$，$r_b = 1.0\,[\mathrm{k\Omega}]$，$r_e = 520\,[\Omega]$，$\beta = 49$，$C_1 = 10\,[\mathrm{\mu F}]$ のとき，入力インピーダンス Z_{in} と低域遮断周波数 f_{fb-cl} を求めよ．

【解答】式 (7.20) から Z_{fb-in} は約 $1.0\,\mathrm{M\Omega}$ となるので，Z_{in} は式 (7.22) から約 $36\,\mathrm{k\Omega}$ となる．また，式 (7.24) から f_{fb-cl} は $0.45\,\mathrm{Hz}$ となる． ∎

7.2　負帰還増幅回路の安定性

負帰還増幅回路では，入力信号と全く関係がない出力信号が生じることがある．このような現象を**発振**と呼ぶ．発振については，第 10 章で詳しく説明するので，本節では負帰還増幅回路が発振せずに増幅回路として安定に動作するための条件について考える．まず，図 7.1 の負帰還回路の入出力特性は

$$S_{out} = \frac{A}{1+AH} S_{in} \tag{7.25}$$

であるので，出力信号 S_{out} が入力信号によって定まらなくなるのは $1+AH = 0$ となる場合である[4]．すなわち，開ループ利得 AH が -1 になると，負帰還増幅回路は発振する．

開ループ利得 AH の絶対値 $|AH|$ と偏角 $\arg AH$ を同時に表した図を**ボード線図**と呼ぶ．ボード線図の一例を図 7.8 に示す．この図では，$\arg AH$ の特性は同じであるが，$|AH|$ が異なる 2 種類の開ループ利得を示している．L_1 の場合，$|AH|$ は周波数とともに小さくなり，周波数 f_1 において 0 dB，すなわち，$|AH| = 1$ となるが，$\arg AH$ は -180 度になっていないので $AH = -1$ とは

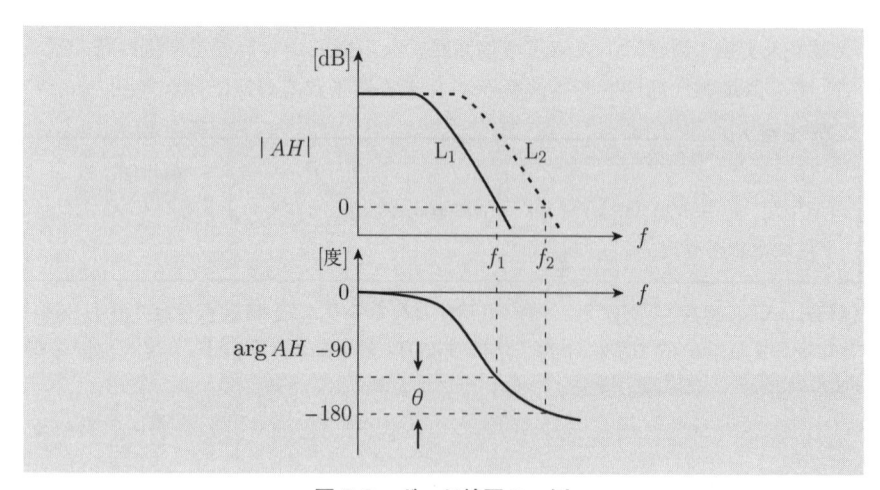

図 7.8　ボード線図の一例

---

[4] $A = 0$ の場合は，入力信号の 0 倍が出力信号として出力されていると考え，出力信号は入力信号によって定まる．

7.2 負帰還増幅回路の安定性

ならない.したがって,この場合は安定である.一方,L_2 では,周波数 f_2 において $|AH|=1$ となり,しかも $\arg AH$ が -180 度であるので,周波数 f_2 で $AH=-1$ となっている.したがって,不安定である.L_2 のように,ちょうど $|AH|=1$ のときに $\arg AH$ が -180 度となるのはまれであるが,$|AH|=1$ のときに $\arg AH$ が -180 度を下回った場合や,$\arg AH=-180$ 度のときに $|AH|$ が 1 倍以上の場合でも回路は不安定となる.逆に,図 7.8 の θ は曲線 L_1 で表されるループ利得 AH を用いた回路が不安定となるまでどれだけ余裕があるかを表していることから**位相余裕**と呼ばれている.

負帰還増幅回路の発明

負帰還増幅回路は,ベル研究所の Harold S. Black によって発明された.Black は 1927 年 8 月 6 日にニューヨークへ向かうフェリーボートの上でこの発明をしている.このとき,ニューヨークタイムズ紙に負帰還増幅回路の特許申請用明細書を手書きし,この明細書に証人による署名も正式に受けている.ただ,負帰還の原理は,機械の分野では,この Black の発明よりも約 1 世紀前から知られていた.たとえば,蒸気機関で有名な James Watt が発明した,調速機と呼ばれる回転速度を自動的に調整する機械に負帰還の原理が応用されている.しかし,当時の電子回路の分野では,負帰還増幅回路の発明は革新的であったため,なかなか受け入れてもらえなかった.イギリスの特許事務局などは負帰還増幅回路の重要性を認めようとせず,永久機関の一種と考えていたようである.Black の上司でさえ,負帰還増幅回路は動作しないと主張した.Black はフィールドテストを行い,負帰還増幅回路が商用可能であることを立証している.Black の発明に特許が与えられるまでに 9 年以上の歳月を要した.

7.3　負帰還回路と演算増幅器

理想の演算増幅器はその利得が無限大であるため，負帰還増幅回路の増幅部に非常に適している．実際に，第 2 章で説明した演算増幅器を用いたすべての回路は演算増幅器を増幅部に用いた負帰還回路になっている．しかし，表 7.1 に示すように，実際の演算増幅器は第 2 章で説明した理想特性とは異なり，利得が有限であり，特に信号を増幅できる周波数範囲が狭いという問題がある．

演算増幅器の直流差動利得を A_{d0}，増幅帯域幅を f_c とすると，演算増幅器の差動利得 A_d を

$$A_d = \frac{A_{d0}}{1 + \dfrac{jf}{f_c}} \tag{7.26}$$

と表すことができる．

一例として，図 7.9 に示す正相増幅回路について直流差動利得や増幅帯域幅が有限であることの影響について考えてみる．電圧 V_b は

$$V_b = \frac{R_2}{R_1 + R_2} V_{out} \tag{7.27}$$

表 7.1　理想演算増幅器と実際の演算増幅器の主な特性の比較

特性	理想演算増幅器	実際の演算増幅器
直流差動利得	∞	$80 \sim 100$ dB 前後
直流同相利得	0	0 dB 前後
増幅帯域幅	∞	$10 \sim 100$ Hz 前後
入力インピーダンス	∞	非常に大きい
出力インピーダンス	0	数十 $\Omega \sim$ 数 $k\Omega$ 程度

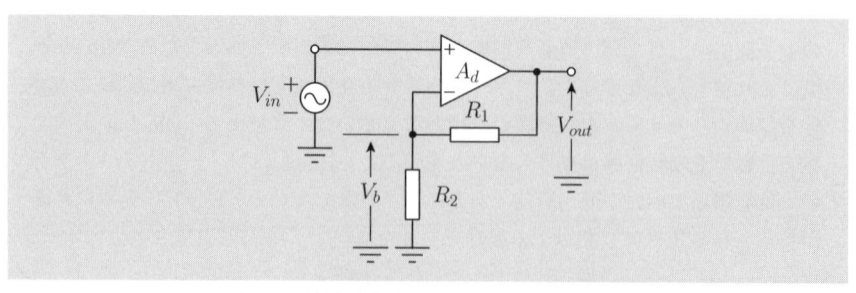

図 7.9　演算増幅器を用いた正相増幅回路

7.3 負帰還回路と演算増幅器

であり，V_{out} が

$$V_{out} = A_d(V_{in} - V_b) \tag{7.28}$$

であることから，正相増幅回路の電圧利得は

$$\frac{V_{out}}{V_{in}} = \frac{A_d}{1 + A_d \dfrac{R_2}{R_1 + R_2}} \tag{7.29}$$

となる．この式に式 (7.26) を代入し，整理すると

$$\frac{V_{out}}{V_{in}} = \frac{A_{d0}}{1 + A_{d0} \dfrac{R_2}{R_1 + R_2}} \times \frac{1}{1 + \dfrac{jf}{f_c \left(1 + A_{d0} \dfrac{R_2}{R_1 + R_2}\right)}} \tag{7.30}$$

という式が得られる．この式と式 (7.26) を比較すると，図 7.9 の正相増幅回路の直流利得 G_0 が

$$G_0 = \frac{A_{d0}}{1 + A_{d0} \dfrac{R_2}{R_1 + R_2}} \tag{7.31}$$

であり，増幅帯域幅 f_c' が

$$f_c' = f_c \left(1 + A_{d0} \dfrac{R_2}{R_1 + R_2}\right) \tag{7.32}$$

であることがわかる．これらの式から，直流利得 G_0 を大きくしようとして，$R_2/(R_1 + R_2)$ を小さな値に設定すると，正相増幅回路の増幅帯域幅が狭まることがわかる．さらに，G_0 と f_c' の積を求めてみると

$$G_0 f_c' = A_{d0} f_c \tag{7.33}$$

となる．すなわち，正相増幅回路の直流利得と増幅帯域幅の積は演算増幅器の直流利得と増幅帯域幅の積に等しい．$A_{d0} f_c$ は**利得帯域幅積**あるいは **GB 積**と呼ばれ，演算増幅器の特性を表す最も重要な指標の一つである．

演算増幅器を用いた負帰還増幅回路も発振する可能性があるため，演算増幅器では，図 7.9 において $H = 1$，すなわち，$R_1 = 0$, $R_2 = \infty$ とした場合にも発振が起きないように設計されている．通常は，演算増幅器の差動利得 A_d についてボード線図を描き，位相余裕が 45 度から 60 度以上となるように設計する．

例題 7.3

図 7.9 の正相増幅回路の電圧利得が 10 倍であるとする．利得帯域幅積が 5.0 MHz のとき，図 7.9 の正相増幅回路の増幅帯域幅を求めよ．また，図 7.9 の正相増幅回路の電圧利得を 20 倍としたとき，増幅帯域幅が 50 kHz であった．この増幅回路に用いられた演算増幅器の利得帯域幅積を求めよ．

【解答】 図 7.9 の正相増幅回路の電圧利得が 10 倍，利得帯域幅積が 5.0 MHz のとき，増幅帯域幅は 5.0 [MHz]÷10 より 500 kHz となる．また，図 7.9 の正相増幅回路の電圧利得が 20 倍，増幅帯域幅が 50 kHz なので，利得帯域幅積は 50 [kHz]×20 より 1.0 MHz となる．

7 章 の 問 題

□ **1** 低域遮断周波数 f_{cl} が 100 Hz，高域遮断周波数 f_{ch} が 10 kHz である増幅回路を図 7.1 の増幅部に用いたとき，負帰還増幅回路の中域利得が 20 倍，低域遮断周波数が 10 Hz となった．増幅部に用いた増幅回路の中域利得 A_0，減衰部の利得 H，負帰還増幅回路の高域遮断周波数 f_{fb-ch} を求めよ．

□ **2** 図 7.10 は入力部が直列接続，出力部が並列接続された負帰還増幅回路である．この回路の電圧利得 $A_v = v_{out}/v_{in}$，入力インピーダンス $Z_{in} = v_{in}/i_{in}$，出力インピーダンス $Z_{out} = v_{out}/(-i_{out})|_{v_{in}=0}$ を求めよ．

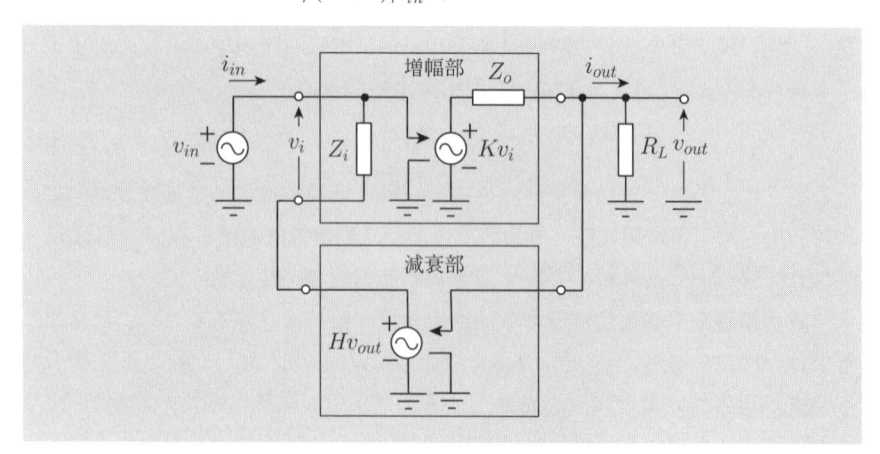

図 7.10 直列-並列負帰還増幅回路

7章の問題

□ **3** 図 7.11 の回路は入力部と出力部がともに並列接続された負帰還増幅回路である．この回路において $V_{DD} = 3.0\,[\mathrm{V}]$, $R_1 = 75\,[\mathrm{k\Omega}]$, $R_2 = 60\,[\mathrm{k\Omega}]$, $R_L = R_S = 20\,[\mathrm{k\Omega}]$, $R_F = 100\,[\mathrm{k\Omega}]$, $\rho = 20\,[\mathrm{k\Omega}]$ であり，MOSトランジスタのトランスコンダクタンス係数 K が $500\,\mu\mathrm{S\cdot V^{-1}}$，しきい電圧 V_T が $0.30\,\mathrm{V}$，ドレイン電流を表す式が式 (3.9) であるとき，図 7.11 の負帰還増幅回路の電圧利得 A_v，入力インピーダンス Z_{in}，出力インピーダンス Z_{out} を求めよ．ただし，C_1 と C_S は交流解析において短絡してよい．

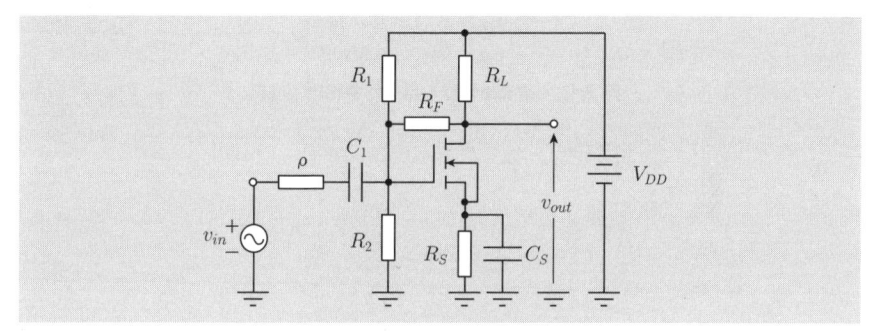

図 7.11 並列-並列負帰還増幅回路

□ **4** 図 7.12 の振幅特性と位相特性から回路が安定となる組み合わせをすべて求めよ．

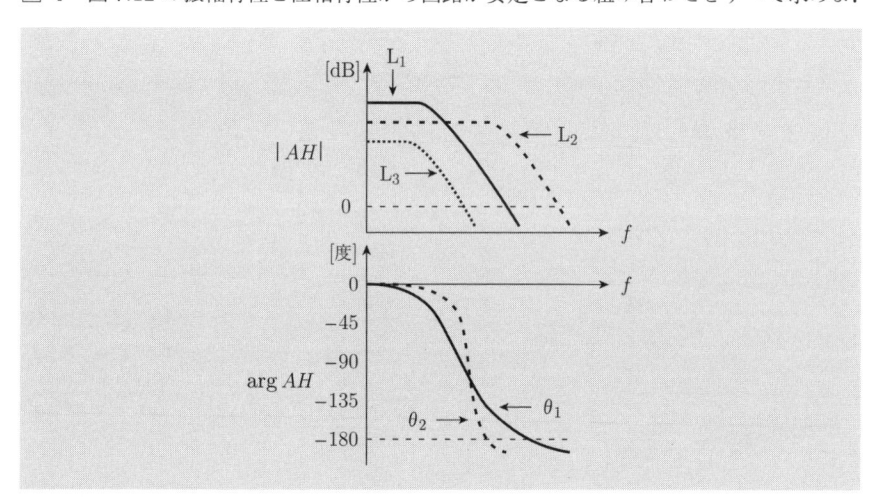

図 7.12 ボード線図

☐ **5** 図 7.13 は演算増幅器を用いた逆相増幅回路である．演算増幅器の差動利得が式 (7.26) であるとき，図 7.13 の逆相増幅回路の電圧利得 V_{out}/V_{in} を求めよ．さらに，求めた電圧利得から直流利得 G_0 と増幅帯域幅 $f_c{}'$ の積を求めよ．

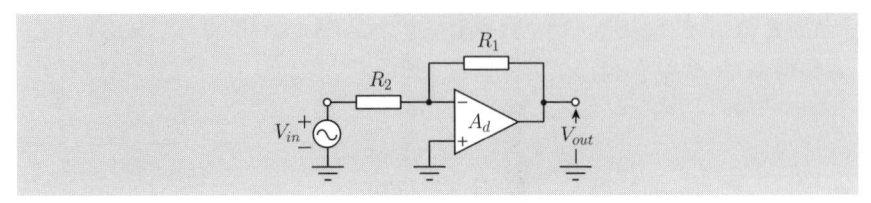

図 7.13　演算増幅器を用いた逆相増幅回路

第8章

電力増幅回路

　第3章で説明したとおり，エミッタ接地増幅回路やソース接地増幅回路は電圧信号と電流信号をともに増幅するため電力増幅回路に適している．本章では，ソース接地増幅回路を例に電力増幅回路の設計方法を説明するとともに，回路構成の違いによる電源の利用効率の差異について述べる．

8.1	電力増幅回路の基礎
8.2	A級電力増幅回路
8.3	B級電力増幅回路

8.1 電力増幅回路の基礎

図 8.1 にソース接地増幅回路を示す．この増幅回路の負荷抵抗 R_L を流れる電流 I_D は

$$I_D = -\frac{1}{R_L}V_{DS} + \frac{V_{DD}}{R_L} \tag{8.1}$$

と表される．この式を MOS トランジスタのドレイン・ソース間電圧とドレイン電流の特性を表す図に描くと，図 8.2 となる．この図の実線が式 (8.1) である．この実線は**負荷線**と呼ばれている．また，図 8.2 の破線が MOS トランジスタのドレイン・ソース間電圧 V_{DS} に対するドレイン電流 I_D の特性を表している．V_{DS} が 0 V から $V_{GS} - V_T$ 未満の間が非飽和領域であり，$V_{GS} - V_T$ 以

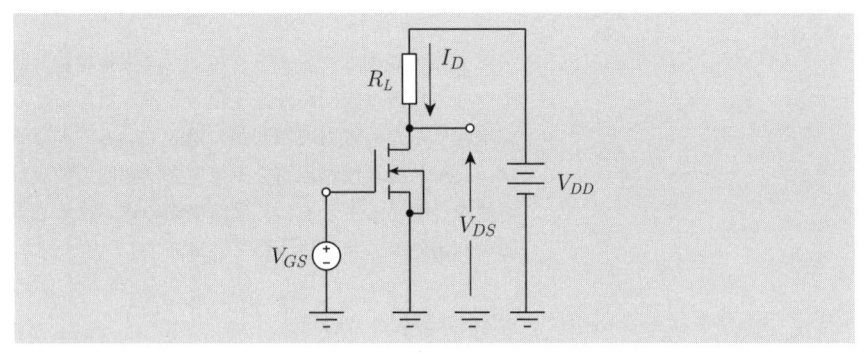

図 8.1 基本電力増幅回路

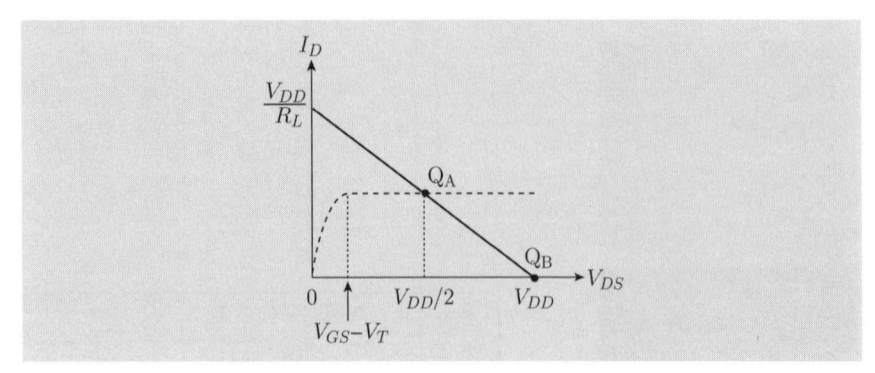

図 8.2 図 8.1 の増幅回路の電圧・電流特性 (1)

上が飽和領域である．

電力増幅回路は，バイアス点の位置によって，**A 級電力増幅回路**，**B 級電力増幅回路**などと区別されている．図 8.2 において，バイアス点は実線と破線の交点である Q_A のように，バイアス点が負荷線のほぼ真ん中となる増幅回路が A 級電力増幅回路である．また，MOS トランジスタが遮断領域にバイアスされた場合，ドレイン電流は零となるので，MOS トランジスタのドレイン・ソース間電圧 V_{DS} に対するドレイン電流 I_D の特性を表す破線は，図 8.2 とは異なり，横軸と重なることになる．この場合，バイアス点は Q_B となる．Q_B のように，バイアス点が負荷線の下端にある電力増幅回路が B 級電力増幅回路である．

電力増幅回路を評価する重要な尺度の一つとして，電力効率がある．電力効率とは電源が供給する電力に対して，増幅回路が出力する信号の電力の割合である．すなわち，電力効率を η，電源が供給する電力を P_{supply}，増幅回路が出力する信号の電力を P_{signal} とすると，η は

$$\eta = \frac{P_{signal}}{P_{supply}} \tag{8.2}$$

と表される．次節からは，A 級電力増幅回路や B 級電力増幅回路の電力効率について解析を行う．

なお，電力増幅回路は比較的大きな振幅の電圧や電流を扱うため，MOS トランジスタが破壊する恐れがある．このため，破壊が起きないドレイン電流の最大値やドレイン・ソース間電圧の最大値などが示されているので，これらの値以内になるように設計しなければならない．バイポーラトランジスタを用いた電力増幅回路の場合も同様である．

8.2　A級電力増幅回路

図 8.1 のソース接地増幅回路を A 級電力増幅回路として用いる場合について考える．まず，図 8.1 のソース接地増幅回路の電圧・電流特性を再度図 8.3 に示す．トランジスタの特性はゲート・ソース間電圧 V_{GS} の変化によって連続的に変化するが，図 8.3 では 4 個の値が異なる V_{GS} の場合のドレイン・ソース間電圧に対するドレイン電流の特性を示している．また，この図の実線が式 (8.1) である．MOS トランジスタのドレイン・ソース間電圧とドレイン電流は，ゲート・ソース間電圧に応じて変化する．ゲート・ソース間電圧の変化は破線の変化であり，破線が変化すると実線との交点も変化する．この交点がゲート・ソース間電圧に対応するドレイン・ソース間電圧とドレイン電流を表している．

図 8.3 のように，ドレイン・ソース間電圧が正弦波状に変化すると，ドレイン電流も正弦波状に変化すると仮定する．ドレイン電流の直流成分を I_{D0}，信号となる交流成分の振幅を I_m とすると，ドレイン電流 I_D を

$$I_D = I_{D0} + I_m \sin(\omega t + \theta) \tag{8.3}$$

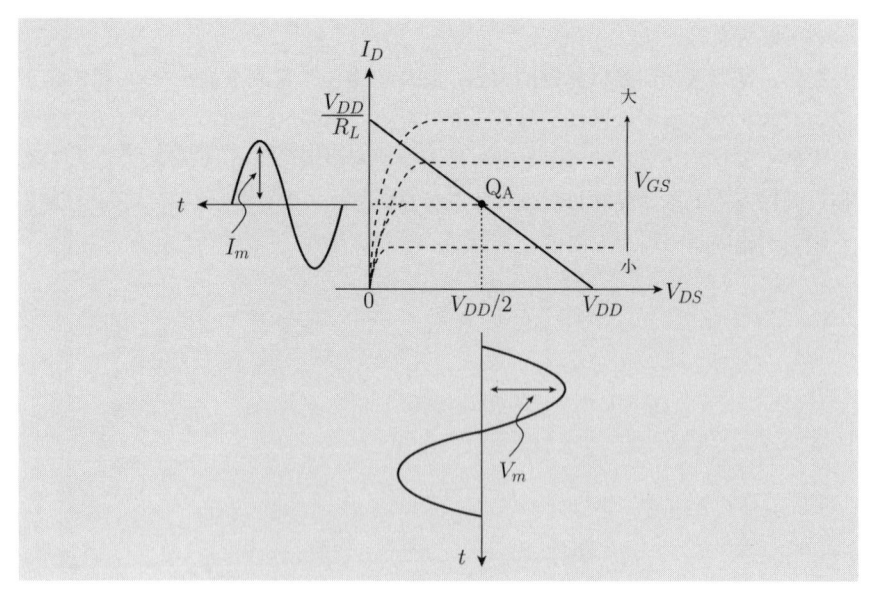

図 8.3　図 8.1 の増幅回路の電圧・電流特性 (2)

8.2 A級電力増幅回路

と表すことができる．ただし，θ は位相を表す適当な定数である．大きな信号電力を得るためには I_m を大きくしなければならない．図 8.3 から I_m を大きくするためにはバイアス点を負荷線のほぼ真ん中に，すなわち，I_{D0} を $V_{DD}/2R_L$ に設定すればよいことがわかる．$I_{D0} = V_{DD}/2R_L$ のとき，I_m の最大値は $V_{DD}/2R_L$ となるので，I_m を

$$I_m = k\frac{V_{DD}}{2R_L} \tag{8.4}$$

と表すことにする．ただし，k は 0 以上 1 以下の定数である．ドレイン電流 I_D は抵抗 R_L に流れる電流であるので信号電力 P_{signal} を

$$P_{signal} = \frac{1}{T}\int_0^T R_L\{I_m\sin(\omega t + \theta)\}^2 dt = \frac{R_L I_m^2}{2} \tag{8.5}$$

と表すことができる．ただし，T は周期であり，$T = 2\pi/\omega$ である．この式に式 (8.4) を代入すると

$$P_{signal} = k^2\frac{V_{DD}^2}{8R_L} \tag{8.6}$$

という式が得られる．一方，電源から供給される電力 P_{supply} は

$$P_{supply} = \frac{1}{T}\int_0^T V_{DD} I_D dt = V_{DD} I_{D0} \tag{8.7}$$

となる．この式に $I_{D0} = V_{DD}/2R_L$ を代入すれば

$$P_{supply} = \frac{V_{DD}^2}{2R_L} \tag{8.8}$$

という式が得られる．この式と式 (8.6) から電力効率 η が

$$\eta = \frac{k^2}{4} \tag{8.9}$$

であることがわかる．

式 (8.9) から，図 8.1 のソース接地増幅回路を A 級電力増幅回路として用いた場合，電力効率は振幅の大きさを表す定数 k の 2 乗に比例する．

■ 例題 8.1

図 8.1 の電力増幅回路において，振幅の大きさを表す定数 k が 1.0, 0.8, 0.4, 0.2, 0.1 のとき，電力効率 η を求めよ．

【解答】式 (8.9) から k が 1.0, 0.8, 0.4, 0.2, 0.1 のとき，電力効率 η は 25%, 16%, 4.0%, 1.0%, 0.25% となる．

次節で説明する B 級電力増幅回路と比較して，A 級電力増幅回路の電力効率は低い．しかし，図 8.4 に示す**変成器**を用いることにより電力効率を改善することができる．

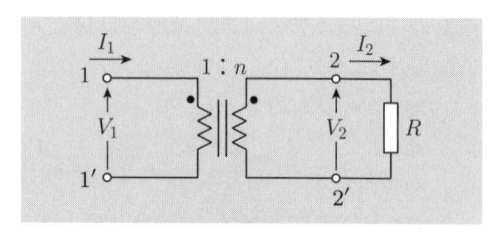

図 8.4 抵抗が接続された変成器

変成器とは 2 個のインダクタの間の相互インダクタンスを利用した素子である．図 8.4 において，「$1:n$」は**変成比**と呼ばれており，この変成比に従って各端子対の電圧と電流の間には

$$V_2 = nV_1 \tag{8.10}$$

$$I_2 = \frac{1}{n}I_1 \tag{8.11}$$

という関係が成り立つ．また，I_2 は抵抗 R に流れる電流であるので V_2 を

$$V_2 = RI_2 \tag{8.12}$$

と表すこともできる．これらの式から，端子対 1-1' から右側を見たときのインピーダンス V_1/I_1 は

$$\frac{V_1}{I_1} = \frac{1}{n^2}R \tag{8.13}$$

となる．すなわち，$1:n$ の変成比を持つ変成器の端子対 2-2' に R という値の抵抗を接続すると，端子対 1-1' からは $1/n^2$ 倍されて見える．逆に端子対 1-1' に R という値の抵抗を接続すれば端子対 2-2' からは n^2 倍されて見える．

■ **例題 8.2**

図 8.4 において，端子対 2-2' に接続された抵抗 R をはずし，代わりに端子対 1-1' に接続し，端子対 2-2' から左側を見たときのインピーダンスが n^2R であることを確かめよ．

【解答】端子対 1-1' と端子対 2-2' が入れ替わっただけであるので式 (8.13) の n を $1/n$ に置き換えればよい．したがって，このときのインピーダンスは n^2R となる．

8.2 A級電力増幅回路

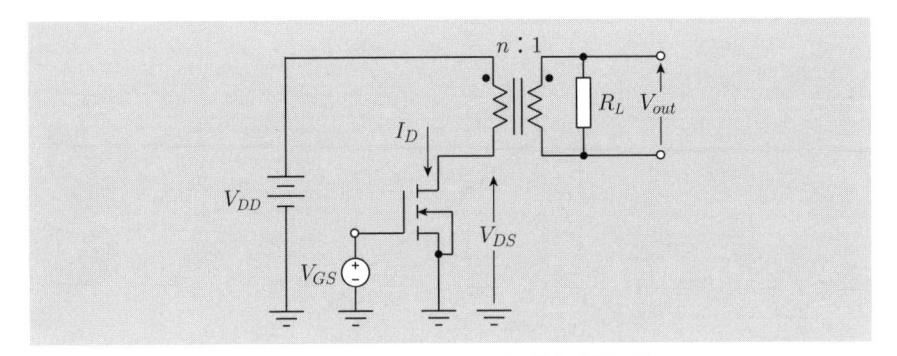

図 8.5 変成器を用いた A 級電力増幅回路

変成器はインダクタから構成されているため直流では端子対 1-1′ 間や 2-2′ 間は短絡と等価である．この性質を利用して，A 級電力増幅回路の電力効率を改善することができる．図 8.5 に変成器を用いた A 級電力増幅回路を示す．

直流ではインダクタは短絡と等価であるので，V_{DS} は V_{DD} と等しい．V_{GS} に交流信号を加えると，図 8.5 の回路は逆相増幅回路であるので，V_{GS} が増加したときは V_{DD} よりも小さくなり，V_{GS} が減少したときは V_{DD} よりも大きくなる[1]．また，この図では抵抗が図 8.4 の端子対 1-1′ に接続されていることに相当するので，交流信号に対して変成器と抵抗は $n^2 R_L$ の値の抵抗と等価の働きをする．

図 8.6 に示すように，直流では V_{DS} は V_{DD} に等しいので，負荷線は MOS トランジスタの電圧–電流特性を表す破線 L_1 との交点 Q_A 点を通る．さらに，$V_{GS} - V_T$ が十分小さく，零に近似できると仮定したとき，負荷線の傾きが急であれば V_{DS} の振幅が小さくなり，負荷線の傾きが緩やかであれば I_D の振幅が小さくなる．したがって，実線 L_2 のように，V_{DS} の最大値が直流での値である V_{DD} の 2 倍となるように負荷線の傾きを決定すれば，電流 I_D および電圧 V_{DS} の振幅をほぼ最大にすることができる．このとき，負荷線の式は

$$I_D = -\frac{1}{n^2 R_L} V_{DS} + \frac{2 V_{DD}}{n^2 R_L} \tag{8.14}$$

---

[1] インダクタの電流が減少すると，減少を妨げる向きに電圧が発生するので，V_{DS} は電源電圧 V_{DD} より大きな値となる．

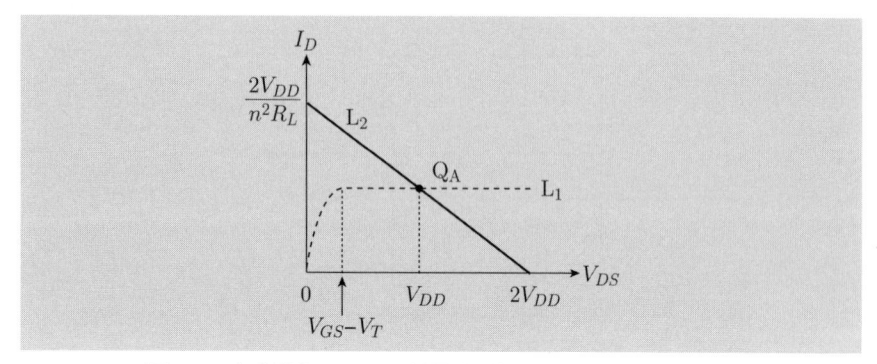

図 8.6　変成器を用いた A 級電力増幅回路の電圧・電流特性

となる．

次に，図 8.5 の A 級電力増幅回路の電力効率を求める．変成器を用いない A 級電力増幅回路と同様に，ドレイン電流 I_D を

$$I_D = I_{D0} + I_m \sin(\omega t + \theta) \tag{8.15}$$

とすると，図 8.6 より I_m の最大値は $V_{DD}/n^2 R_L$ となるので，I_m を

$$I_m = k \frac{V_{DD}}{n^2 R_L} \tag{8.16}$$

と表すことができる．ただし，k は 0 以上 1 以下の定数である．このとき，信号電力 P_{signal} は

$$P_{signal} = \frac{1}{T} \int_0^T n^2 R_L \{I_m \sin(\omega t + \theta)\}^2 dt = k^2 \frac{V_{DD}^2}{2n^2 R_L} \tag{8.17}$$

となる[2]．

一方，電源から供給される電力 P_{supply} は

$$P_{supply} = \frac{1}{T} \int_0^T V_{DD} I_D dt = \frac{V_{DD}^2}{n^2 R_L} \tag{8.18}$$

となる．この式と式 (8.17) から電力効率 η を

$$\eta = \frac{k^2}{2} \tag{8.19}$$

と求めることができる．この結果から，変成器を用いない場合と比較して，変成器を用いることにより電力効率が 2 倍改善されることがわかる．

---

[2] 変成器は電力を消費しないので，P_{signal} は抵抗 R_L で消費される信号電力である．

8.3 B級電力増幅回路

図 8.1 のソース接地増幅回路のバイアス点を変更して B 級電力増幅回路として用いた場合，信号を加えていない状態では，MOS トランジスタのゲート・ソース間電圧はしきい電圧以下になっているのでドレイン電流は流れない．しかも，入力電圧信号が負の場合はドレイン電流は零のままである．このように，図 8.1 のソース接地増幅回路を B 級電力増幅回路として用いた場合は，入力電圧信号の変化に対して出力電圧信号の変化は比例せず，出力信号が歪むことがわかる．

図 8.1 の回路だけでは出力信号に大きな歪みが発生するが，この回路 2 個と変成器を用いることにより歪みを大幅に低減することができる．ソース接地増幅回路 2 個と変成器 4 個を用いて構成した B 級電力増幅回路を図 8.7 に示す．この図の回路では入力電圧 V_{in} が変成器を介して 2 個のソース接地増幅回路に加えられている．このとき，上側のソース接地増幅回路は V_{in} が正のとき正の

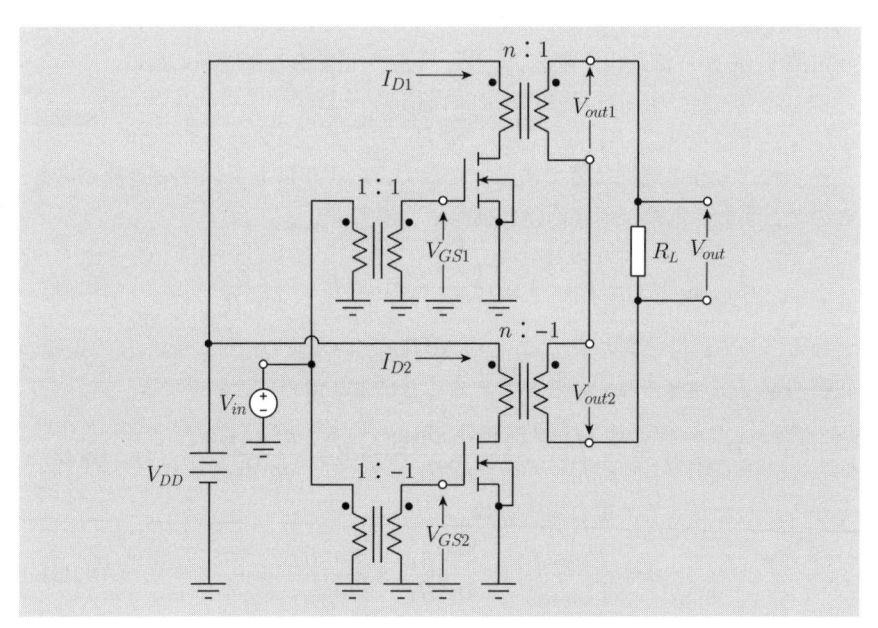

図 8.7　変成器を用いた B 級電力増幅回路

V_{GS1} が生じて入力信号を増幅するが，V_{in} が負のときは V_{GS1} が負となるため増幅回路として動作しない．一方，下側のソース接地増幅回路では，ゲート端子に接続された変成器の変成比が $1:-1$ となっているので，V_{in} が正のとき V_{GS2} が負となるため増幅回路として動作しないが，V_{in} が負のときに正の V_{GS2} が生じて入力信号を増幅する．このように，上側のソース接地増幅回路は正の入力信号のみを，下側のソース接地増幅回路は負の入力信号のみを増幅する．さらに，変成器の変成比に着目すると，出力 V_{out1} と V_{out2} の一方が非負のとき他方は零となっている．このことから，抵抗 R_L には入力信号 V_{in} に応じて正負の電圧 V_{out} が発生する．

次に電力効率を求める．ここでは，簡単のため，信号歪みは十分小さく，入力信号が正弦波であれば出力信号も正弦波であると仮定する．また，2個のソース接地増幅回路は，入力信号が正のときに動作するか，負のときに動作するかが異なるだけで，入力信号が正弦波であれば1周期に消費する電力は同じである．そこで，上側のソース接地増幅回路に電源が供給する電力 $P_{supply1}$ と信号電力 $P_{signal1}$ を求めることにする．

電源 V_{DD} から流れ出す電流 I_{D1} は，V_{in} が正である半周期の間は

$$I_{D1} = \frac{kV_{DD}}{n^2 R_L} \sin \omega t \tag{8.20}$$

と表され，もう半周期は零である．ただし，k は 0 以上 1 以下の定数である．このことから，電源が増幅回路に供給する電力 $P_{supply1}$ は

$$P_{supply1} = \frac{1}{T} \int_0^{T/2} V_{DD} \frac{kV_{DD}}{n^2 R_L} \sin \omega t \, dt = \frac{kV_{DD}^2}{\pi n^2 R_L} \tag{8.21}$$

となる．一方，信号電力 $P_{signal1}$ は，$n^2 R_L$ という値の抵抗に kV_{DD} の振幅の正弦波電圧が加えられていると考えることにより求めることができ

$$P_{signal1} = \frac{1}{T} \int_0^{T/2} \frac{(kV_{DD} \sin \omega t)^2}{n^2 R_L} dt = \frac{k^2 V_{DD}^2}{4 n^2 R_L} \tag{8.22}$$

となる．したがって，電力効率 η は

$$\eta = \frac{P_{signal1}}{P_{supply1}} = \frac{k^2 V_{DD}^2}{4 n^2 R_L} \times \frac{\pi n^2 R_L}{k V_{DD}^2} = \frac{k\pi}{4} \tag{8.23}$$

となる．

8.3 B級電力増幅回路

■ 例題 8.3
図 8.7 の電力増幅回路において，振幅の大きさを表す定数 k が 1.0, 0.8, 0.4, 0.2, 0.1 のとき，電力効率 η を求めよ．

【解答】 式 (8.23) から k が 1.0, 0.8, 0.4, 0.2, 0.1 のとき，電力効率 η は約 79%，63%，31%，16%，7.9%となる．例題 8.1 と比較して電力効率が改善されているだけでなく，k が小さくなった場合に電力効率の劣化が少ないことも B 級電力増幅回路の利点であることがわかる[3]．

B 級電力増幅回路は変成器を用いなくても構成することができる．ただし，変成器の代わりに極性の異なるトランジスタが必要となる．図 8.8 に n チャネル MOS トランジスタと p チャネル MOS トランジスタを用いた B 級電力増幅回路を示す．それぞれの MOS トランジスタはソースフォロワとして動作している．ソースフォロワは電圧を増幅しないが，電流は増幅するので，電力増幅回路として用いることができる．また，図 8.7 の電力増幅回路と同様の計算をすれば，図 8.8 の電力増幅回路の効率は図 8.7 の電力増幅回路のそれと等しい．

B 級電力増幅回路では，正の入力電圧信号を加えてもゲート・ソース間電圧がしきい電圧を超えないと，ドレイン電流が流れない．このため，入力信号振幅が小さいときに出力信号が現れないという現象が生じる．この現象によって出

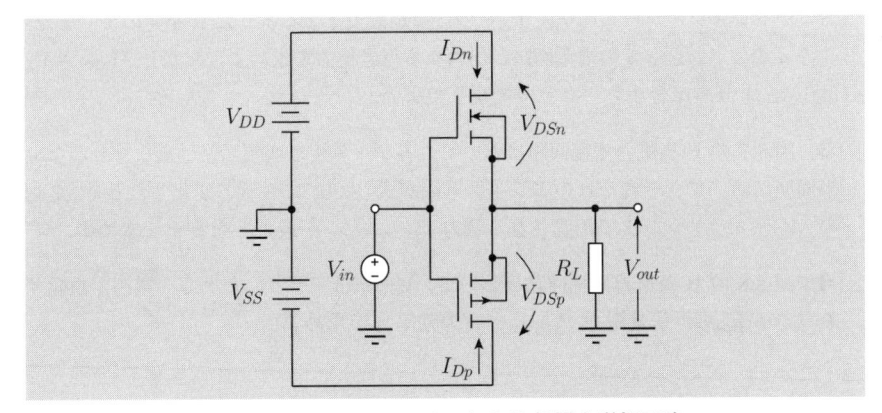

図 8.8 ソースフォロワによる B 級電力増幅回路

---

[3] A 級や B 級電力増幅回路以外に，C 級や D 級電力増幅回路などがあり，歪みは増えるが，電力効率は一層改善される．

力信号が歪むことを**クロスオーバ歪み**と呼ぶ．この問題を解決するために，入力信号にしきい電圧と同じくらいの大きさの直流電圧をあらかじめ加える方法が用いられる．

8 章 の 問 題

☐ **1** 図 8.1 の A 級電力増幅回路では，電源から供給される電力 P_{supply} と増幅回路が出力する信号電力 P_{signal} の他に，MOS トランジスタで消費される電力 $P_{transistor}$ と信号とは無関係に抵抗 R_L で消費される電力 P_{RL} がある．P_{supply} や P_{signal} と同様に，負荷線は図 8.3 であり，ドレイン・ソース間電圧が正弦波状に変化したとき，ドレイン電流 I_D が

$$I_D = \frac{V_{DD}}{2R_L} + k\frac{V_{DD}}{2R_L}\sin(\omega t + \theta) \tag{8.24}$$

と変化すると仮定し，$P_{transistor}$ と P_{RL} を求めよ．ただし，k は 0 以上 1 以下の定数である．

☐ **2** 図 8.5 において，電源電圧 V_{DD} が 10 V，負荷抵抗 R_L が 8 Ω，信号を加えていないときのゲート・ソース間電圧 V_{GS} が 0.70 V，MOS トランジスタの伝達コンダクタンス係数 K が 600 mS/V，しきい電圧が 0.30 V のとき，ドレイン電流 I_D およびドレイン・ソース間電圧 V_{DS} の振幅が最大となるように n を定めよ．また，この n のとき，図 8.5 の増幅回路が出力する信号電力を求めよ．ただし，$V_{GS} - V_T$ は V_{DD} よりも十分小さいとして無視してよい．

☐ **3** 図 8.7 の B 級電力増幅回路において，各ソース接地増幅回路は重なり合わない半周期において，それぞれのドレイン電流が式 (8.20) に従って変化したとき，2 個の MOS トランジスタで消費される電力 $P_{transistor}$ が最大となる k を求めよ．

☐ **4** 図 8.8 の B 級電力増幅回路において，$V_{SS} = V_{DD}$ としたとき，電源が供給する電力 P_{supply}，信号電力 P_{signal}，電力効率 η を求めよ．

第9章

能動RCフィルタ

入力信号の周波数に応じて，出力信号の振幅や位相が変化する回路を**フィルタ**と呼ぶ．特に，フィルタは必要な信号をそのまま通過させ，不要な信号の振幅を減衰させるために用いられることが多い．本章では，基本的なフィルタの種類などについて述べ，さらに演算増幅器を用いたフィルタの構成方法について説明する．

9.1	フィルタの基礎
9.2	状態変数型構成法
9.3	縦続接続型構成法
9.4	その他の構成法

9.1 フィルタの基礎

受動素子[1]である抵抗,容量,インダクタを用いて構成されたフィルタは**受動フィルタ**あるいは **LCR フィルタ**などと呼ばれている.一方,集積回路上に実現しにくいインダクタを用いずに,代わりに能動素子であるトランジスタや演算増幅器を抵抗や容量とともに用いて構成したフィルタを**能動 RC フィルタ**と呼ぶ.

フィルタはその特性によっても分類することができる.図 9.1 に代表的なフィルタの特性を模式的に示す.図 9.1(a) は直流を含む低い周波数の信号のみを通過させ,f_c 以上の周波数の信号を除去する**低域通過フィルタ**,図 9.1(b) は f_c 以上の周波数の信号のみを通過させる**高域通過フィルタ**の振幅特性を表している.それぞれのフィルタ特性において f_c は**遮断周波数**と呼ばれている.また,図 9.1(c) は,直流成分は通さず,f_{cl} から f_{ch} までの周波数の信号のみを通過させる**帯域通過フィルタ**の振幅特性を表し,f_{cl} は**低域遮断周波数**,f_{ch} は**高域遮断周波数**と呼ばれている.なお,信号が通過できる周波数帯域を**通過域**あるいは**通過帯域**,信号が通過できない周波数帯域を**遮断域**と呼ぶ.これらの特性以外にも,通過域が複数ある特性や位相に着目した特性などがある.

実際のフィルタの特性は図 9.1 に示した特性とは異なり,階段状に変化することはできない.さらに,通過域全体を平坦に保つことも困難である.実際のフィルタ特性の例を図 9.2 に示す.図 9.2 は低域通過フィルタの特性を示している.0 から f_c までの帯域が通過域,f_s 以上の帯域が遮断域である.また,f_s

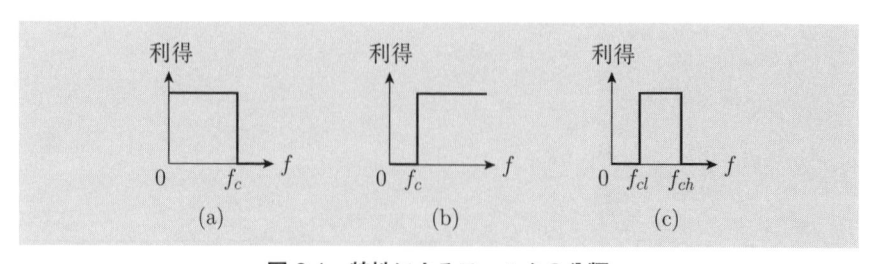

図 9.1 特性によるフィルタの分類

---

[1] 受動素子とは,供給された信号エネルギーよりも大きな信号エネルギーを発生しない素子であり,そうでない素子を能動素子と呼ぶ.

9.1 フィルタの基礎

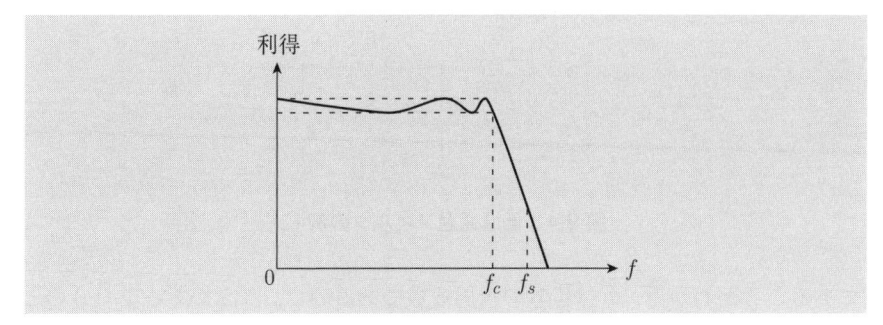

図 9.2 実際のフィルタ特性

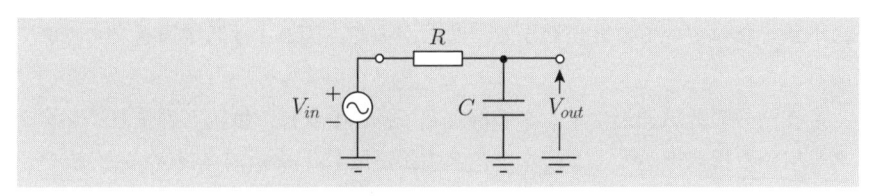

図 9.3 低域通過フィルタの例 (1)

は**遮断域端周波数**と呼ばれている．f_c から f_s までの帯域は通過域でも遮断域でもないため**過渡域**と呼ばれている．図 9.2 の特性を図 9.1 のような階段状の特性に近づけるにはフィルタの規模[2)]を大きくする必要がある．

図 9.3 に抵抗と容量を用いて構成した低域通過フィルタの例を示す．このフィルタは抵抗と容量だけから構成されているため**受動 RC フィルタ**と呼ばれている．

一般に，フィルタの場合，複素表示された出力電圧と入力電圧の比を**伝達関数**と呼ぶ．図 9.3 のフィルタの伝達関数を求めると

$$T(s) = \frac{V_{out}}{V_{in}} = \frac{1}{1 + sCR} \tag{9.1}$$

となる．ただし，$s = j\omega$ である[3)]．式 (9.1) から振幅特性が

$$|T(s)|_{s=j\omega} = \frac{1}{\sqrt{1 + \omega^2 C^2 R^2}} \tag{9.2}$$

[2)] 正確には，後節で説明するフィルタの次数．
[3)] 以下同様に，この章では $j\omega$ の代わりに s を用いる．

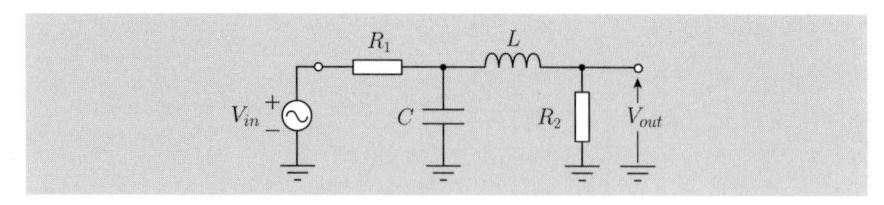

図 9.4　低域通過フィルタの例 (2)

であることがわかる．ω は信号の角周波数であるので，直流である $\omega = 0$ のとき $|T(s)| = 1$ となるので直流信号は通過する．また，式 (9.2) の分子は 1 であり，ω は分母にしかないため，信号角周波数 ω の増加とともに $|T(s)|$ は徐々に小さくなっていくことがわかる．したがって，図 9.4 は低域通過フィルタである．

もう一つの低域通過フィルタの例として，図 9.4 に，抵抗と容量，インダクタを用いた構成を示す．このフィルタの伝達関数 $T_{LCR}(s)$ を求めると

$$T_{LCR}(s) = \frac{V_{out}}{V_{in}} = \frac{R_2}{s^2 LCR_1 + s(CR_1R_2 + L) + R_1 + R_2} \quad (9.3)$$

となる．式 (9.3) から振幅特性が

$$|T_{LCR}(s)|_{s=j\omega} = \frac{R_2}{\sqrt{\{(R_1 + R_2) - \omega^2 LCR_1\}^2 + \omega^2 (CR_1R_2 + L)^2}} \quad (9.4)$$

であることがわかる．$\omega = 0$ のとき $|T_{LCR}(s)| = R_2/(R_1 + R_2)$ となるので，多少振幅が減衰するが，直流信号は通過する．また，式 (9.4) の分子は定数であり，ω は分母にしかないため，ある程度以上信号の周波数が高くなれば $|T_{LCR}(s)|$ は徐々に小さくなっていくことがわかる．したがって，図 9.4 も低域通過フィルタである．

図 9.4 のフィルタは伝達関数の分母が s の 2 次多項式であるため，2 次フィルタと呼ばれている．一方，図 9.3 のフィルタは伝達関数の分母が s の 1 次多項式であるため，1 次フィルタと呼ばれている．このように，伝達関数の分母多項式の次数をフィルタの**次数**と呼ぶ．一般に，フィルタの次数が高くなれば回路規模が増大し，遮断特性が急峻になることが知られている．

9.2 状態変数型構成法

本節では，能動 RC フィルタの代表的な構成法の一つである**状態変数型構成法**について説明する．

低域通過フィルタの伝達関数を $T_L(s)$ とすると，多くの場合，$T_L(s)$ を

$$T_L(s) = \frac{Ka_n}{s^n + a_1 s^{n-1} + \cdots + a_{n-1}s + a_n} \qquad (9.5)$$

と表すことができる[4]．ただし，$a_i\ (i=1\sim n)$ は正の定数であり，K は直流利得を表す定数である．伝達関数 $T_L(s)$ は出力信号 V_{out} と入力信号 V_{in} の比であるから

$$T_L(s) = \frac{V_{out}}{V_{in}} \qquad (9.6)$$

と表すこともできる．式 (9.5) と式 (9.6) から V_{in} と V_{out} の関係は

$$s^n V_{out} = Ka_n V_{in} - (a_1 s^{n-1} + a_2 s^{n-2} + \cdots + a_{n-1}s + a_n)V_{out} \qquad (9.7)$$

となる．この式は，$s^n V_{out}$ が $Ka_n V_{in}$ と $(a_1 s^{n-1} + a_2 s^{n-2} + \cdots + a_{n-1}s + a_n)V_{out}$ の差で実現できることを表している．さらに $(a_1 s^{n-1} + a_2 s^{n-2} + \cdots + a_{n-1}s + a_n)V_{out}$ の各項は $s^n V_{out}$ を適切な回数だけ s で除算し，適切な定数を乗算することにより実現できる．この考えに基づいた構成を図 9.5 に示す．また，図 9.5 のように，定数倍や積分などの演算を線で，加算や分岐を黒丸で表した図を**シグナルフローグラフ**と呼ぶ．$1/s$ は積分演算を表すので，図 9.5 は積分回路と加減算回路を用いて構成することができる．

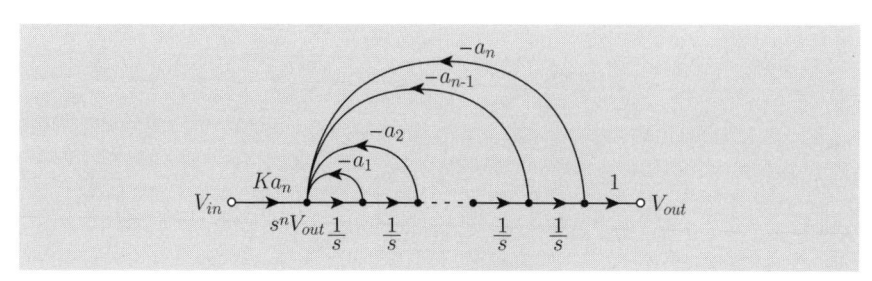

図 9.5　状態変数型構成 (1)

---

[4] 分子が s の多項式になる場合もある．

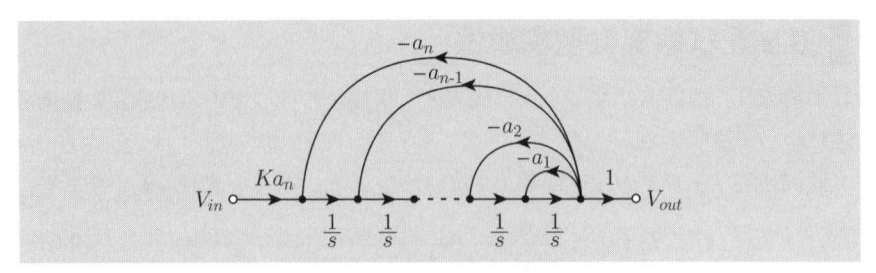

図 9.6 状態変数型構成 (2)

式 (9.7) から別の構成を導出することもできる．式 (9.7) の両辺を s^n で除算すると

$$V_{out} = Ka_n s^{-n} V_{in} - (a_1 s^{-1} + a_2 s^{-2} + \cdots + a_{n-1} s^{-n+1} + a_n s^{-n}) V_{out} \quad (9.8)$$

という式が得られる．式 (9.7) の場合と同様に，式 (9.8) から，図 9.6 に示すシグナルフローグラフが得られ，この図から，伝達関数 $T_L(s)$ を持つフィルタを積分回路と加減算回路を用いて構成することができる．図 9.5 や図 9.6 に基づいて構成されたフィルタは**状態変数型フィルタ**と呼ばれている．

一般に，伝達関数の係数の変化に対して伝達関数の変化が大きいことが知られている．状態変数型フィルタでは，各素子値とフィルタの伝達関数の係数とが一致しているので，素子値が変化すると伝達関数も大きく変化する．

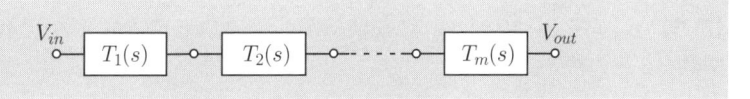

9.3 縦続接続型構成法

縦続接続型構成法とは，図 9.7 に示すように，伝達関数 $T(s)$ を 2 次または 1 次の関数 $T_i(s)$ $(i=1\sim m)$ に因数分解し，$T_i(s)$ を状態変数型構成法などの適当な手法により実現し，それぞれを縦続接続することにより伝達関数 $T(s)$ を実現する手法である．

一般に，縦続接続型構成法は状態変数型構成法よりも素子値の偏差に対して特性が安定であることが知られている．また，2 次や 1 次の伝達関数に分けて構成されているため，全体の特性の調整も比較的容易である．これらの理由から，縦続接続型構成法が実用されることが比較的多い．

V_{in} ─ $T_1(s)$ ─ $T_2(s)$ ─ ･････ ─ $T_m(s)$ ─ V_{out}

図 9.7 縦続接続型構成法

■9.3.1 2 次区間回路の伝達関数

縦続接続型構成法は 2 次または 1 次の伝達関数を持つ回路に分割されているので，個々の回路の構成が重要となる．また，1 次の回路は抵抗と容量だけで構成できる．このため，2 次の伝達関数を持つ回路の構成が特に重要となる．2 次の伝達関数を持つ回路のことを **2 次区間回路** と呼ぶ．一般に 2 次区間回路の伝達関数 $T_{second}(s)$ は

$$T_{second}(s) = \frac{N(s)}{s^2 + \dfrac{\omega_0}{Q}s + \omega_0^2} \tag{9.9}$$

と表される．この式において，ω_0 は**遮断角周波数**（帯域通過フィルタの場合は**中心角周波数**），Q は**クォリティファクタ**（あるいは単に Q）と呼ばれている．受動 RC フィルタでは，Q が 0.5 以上の 2 次区間回路を実現することができないため，演算増幅器などの能動素子と抵抗，容量を組み合わせて 2 次区間回路を実現する．また，$N(s)$ は一般には s の 2 次多項式であり，$N(s)$ に応じて表 9.1 に示すとおり，フィルタの特性が決まる．ただし，表 9.1 は 2 次フィルタの一部の特性を示しており，K はすべて定数である．

表 9.1 $N(s)$ とフィルタの特性

$N(s)$	特性
$K\omega_0^2$	低域通過特性
$K\dfrac{\omega_0}{Q}s$	帯域通過特性
Ks^2	高域通過特性

■ 例題 9.1

図 9.4 の 2 次低域通過フィルタにおいて,R_1 と R_2 が $10.0\,\mathrm{k\Omega}$,L が $2.25\,\mathrm{H}$,C が $22.5\,\mathrm{nF}$ のとき,遮断周波数と Q,直流電圧利得を求めよ.

【解答】 $R_1 = R_2 = 10.0\,[\mathrm{k\Omega}]$,$L=2.25\,[\mathrm{H}]$,$C=22.5\,[\mathrm{nF}]$ を式 (9.3) に代入し,伝達関数を 3 桁の精度で表すと

$$\frac{1\times 10^3}{5.06\times 10^{-4}s^2 + 4.50s + 2.00\times 10^3} = \frac{0.500\times 3.95\times 10^7}{s^2 + 8.89\times 10^3 s + 3.95\times 10^7} \tag{9.10}$$

となる.この式と式 (9.9) を比較すれば,直流電圧利得が 0.500 倍,遮断周波数が約 1000 Hz,Q が約 0.707 となる. ■

■9.3.2 2 次区間回路の実現

2 次区間回路の実現には様々な方法がある.ここでは,状態変数型構成法を 2 次区間回路の実現に応用した場合と,それ以外の代表的な構成法である正帰還型構成法と負帰還型構成法について説明する.

状態変数型 2 次区間回路 状態変数型構成法はフィルタの次数が高い場合は素子値の偏差に対して特性が大きく変わるが,次数が 2 次や 3 次ならば素子値の偏差に対して特性が比較的安定なフィルタを実現することができる.このため,状態変数型 2 次区間回路は縦続接続型構成のための 2 次区間回路としてしばしば用いられる.

図 9.5 に基づいて導出した 2 次区間回路のシグナルフローグラフを図 9.8 に示す.図 9.8 では,フィルタを構成する積分回路などの特性が正相であるか,逆相であるかが重要となる.たとえば,第 2 章で説明した演算増幅器を用いた積分回路は逆相積分回路であるため,$1/s$ の重みの枝は $-1/s$ という伝達関数を持

9.3 縦続接続型構成法

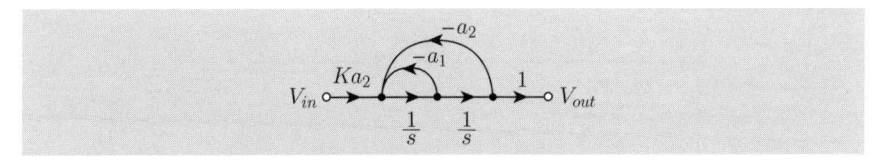

図 9.8 縦続型構成法による 2 次区間回路 (1)

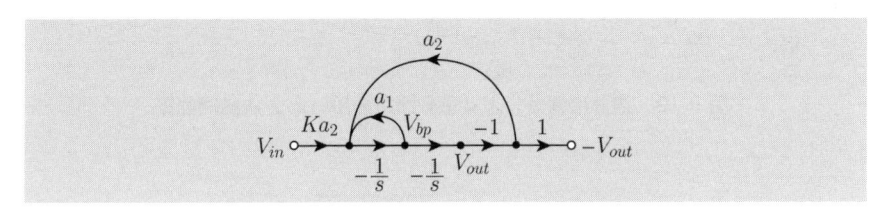

図 9.9 縦続型構成法による 2 次区間回路 (2)

つ逆相積分回路と -1 倍の増幅利得を持つ逆相増幅回路を用いて構成することになる．このようにフィルタを構成した場合，演算増幅器の数が多くなり，回路規模や消費電力が増加する．そこで，演算増幅器の数ができるだけ少なくなるように，図 9.8 のシグナルフローグラフの枝の重みの符号を変更すると，図 9.9 が得られる．

図 9.9 には $1/s$ の重みの枝は取り除かれ，逆相増幅回路を表す -1 の重みの枝が一つ加わっているだけである．すなわち，図 9.9 に示す状態変数型 2 次区間回路は 2 個の逆相積分回路と 1 個の逆相増幅回路で実現することができる．また，図 9.9 の回路は，逆相積分回路を表している左側の $-1/s$ の重みの枝から信号を取り出すと 2 次帯域通過特性が得られる．図 9.9 を基に演算増幅器による積分回路などを用いて実現した 2 次区間回路を図 9.10 に示す．このフィルタは **Tow-Thomas バイカッドフィルタ**と呼ばれている．

図 9.10 の伝達関数 $T_{biquad}(s)$ を求めると

$$T_{biquad}(s) = \frac{\dfrac{R_1}{R_3}}{s^2 C_1 C_2 R_1 R_4 + s C_2 R_4 + \dfrac{R_1 R_6}{R_2 R_5}}$$

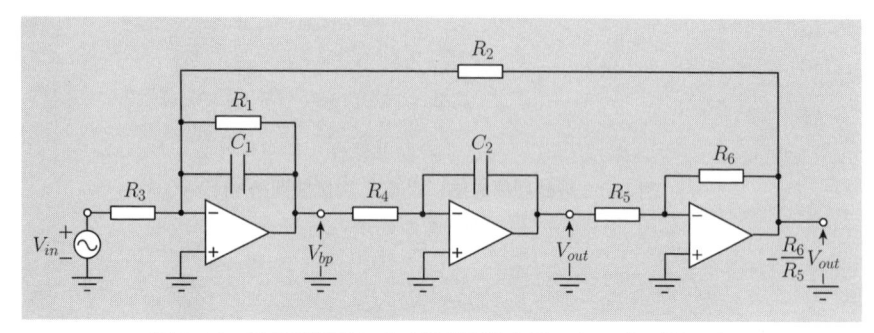

図 9.10 演算増幅器による積分回路を用いた 2 次区間回路

$$= \frac{\dfrac{1}{C_1 C_2 R_3 R_4}}{s^2 + s \dfrac{1}{C_1 R_1} + \dfrac{R_6}{C_1 C_2 R_2 R_4 R_5}} \qquad (9.11)$$

となる．式 (9.11) において

$$\omega_0 = \sqrt{\frac{R_6}{C_1 C_2 R_2 R_4 R_5}} \qquad (9.12)$$

$$Q = R_1 \sqrt{\frac{C_1 R_6}{C_2 R_2 R_4 R_5}} \qquad (9.13)$$

を満足するように各素子値を選べば，希望の 2 次低域通過特性を実現することができる．

ω_0 と Q が与えられた場合に素子値を決定する方法は多数ある．ここでは，できるだけ値が等しい素子が多くなるように素子値を決める方法を示す．そこで，容量値 C_1 と C_2 が等しく，さらに，R_2 と R_3，R_4，R_5，R_6 も等しいとする．これらより式 (9.12) と式 (9.13) は

$$\omega_0 = \frac{1}{C_1 R_2} \qquad (9.14)$$

$$Q = \frac{R_1}{R_2} \qquad (9.15)$$

となる．また，このとき，直流電圧利得を表す表 9.1 の定数 K は 1 である．

9.3 縦続接続型構成法

例題 9.2

図 9.10 の 2 次低域通過フィルタの遮断周波数が $1.00\,\mathrm{kHz}$, Q が $1/\sqrt{2}$ となるように各素子値を求めよ.

【解答】 式 (9.14) から $C_1 R_2$ は

$$C_1 R_2 = \frac{1}{2\pi \times 1.0 \times 10^3} \simeq 0.159\,[\mu\mathrm{s}] \tag{9.16}$$

となる. このままでは条件が足りず, C_1 と R_2 の両方を決められないので, たとえば, R_2 を $10.0\,\mathrm{k\Omega}$ とすると, C_1 は

$$C_1 \simeq \frac{0.159 \times 10^{-6}}{R_2} = 15.9\,[\mathrm{nF}] \tag{9.17}$$

となる. C_2 は C_1 と等しいので $15.9\,\mathrm{nF}$ とする. また, R_1 以外の抵抗はすべて R_2 と等しいので $10.0\,\mathrm{k\Omega}$ である. さらに, R_1 は式 (9.15) から

$$R_1 = Q R_2 \simeq 7.07\,[\mathrm{k\Omega}] \tag{9.18}$$

となる. ∎

正帰還型能動 RC フィルタ 図 9.11 に演算増幅器と抵抗 R_a, R_b による正相増幅回路を用いた 2 次低域通過フィルタを示す. この 2 次低域通過フィルタは **Sallen-Key フィルタ** と呼ばれている. Sallen-Key フィルタは正相増幅回路から容量 C_1 を介して正帰還を掛けることにより, 受動 RC フィルタだけでは得られない, 0.5 以上の Q を実現している. このフィルタの伝達関数 $T_{sk}(s)$ を求めると

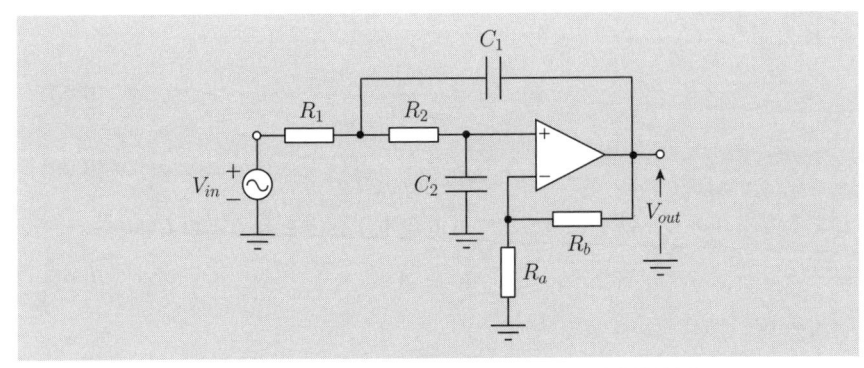

図 9.11 演算増幅器による正相増幅回路を用いた 2 次低域通過フィルタ

$$T_{sk}(s) = \frac{A}{s^2 C_1 C_2 R_1 R_2 + s\{C_1 R_1(1-A) + C_2 R_1 + C_2 R_2\} + 1}$$

$$= \frac{\dfrac{A}{C_1 C_2 R_1 R_2}}{s^2 + s\dfrac{C_1 R_1(1-A) + C_2 R_1 + C_2 R_2}{C_1 C_2 R_1 R_2} + \dfrac{1}{C_1 C_2 R_1 R_2}} \quad (9.19)$$

となる．ただし，A は正相増幅回路の電圧利得であり，

$$A = 1 + \frac{R_b}{R_a} \quad (9.20)$$

である．したがって，素子値 C_1 や C_2, R_1, R_2 が

$$\omega_0 = \sqrt{\frac{1}{C_1 C_2 R_1 R_2}} \quad (9.21)$$

$$Q = \frac{\sqrt{C_1 C_2 R_1 R_2}}{C_1 R_1(1-A) + C_2 R_1 + C_2 R_2} \quad (9.22)$$

を満たすように選べば希望の特性を実現できる．

　状態変数型2次区間回路と同様に，素子値の選び方には様々な方法がある．一つの方法として $C_1 = C_2 = C$ および $R_1 = R_2 = R$ という条件の下で適当な容量値 C を定め，抵抗 R および正相増幅回路の電圧利得 A が

$$R = \frac{1}{\omega_0 C} \quad (9.23)$$

$$A = 3 - \frac{1}{Q} \quad (9.24)$$

となるように選ぶ方法がある．また，$A = 1$, $R_1 = R_2 = R$ として適当な抵抗値 R を定め，C_1 および C_2 を

$$C_1 = \frac{2Q}{\omega_0 R} \quad (9.25)$$

$$C_2 = \frac{1}{2Q\omega_0 R} \quad (9.26)$$

とする方法もある．いずれの方法でも直流電圧利得を表す定数 K は

$$K = A \quad (9.27)$$

である．

■ 例題 9.3

図 9.11 の 2 次低域通過フィルタの遮断周波数が $1.00\,\mathrm{kHz}$、Q が $1/\sqrt{2}$ となるように各素子値を上述の 2 種類の方法によって求めよ。

【解答】 $C_1 = C_2 = C$ および $R_1 = R_2 = R$ のとき、たとえば、$R = 10.0\,[\mathrm{k\Omega}]$ とすると、式 (9.23) から C が

$$C \simeq 15.9\,[\mathrm{nF}] \tag{9.28}$$

となる。また、正相増幅回路の電圧利得 A は式 (9.20) であるので、この式と式 (9.24) から R_a/R_b は

$$\frac{R_b}{R_a} = 2 - \sqrt{2} \tag{9.29}$$

となる。たとえば、R_a を R_1 などと同じに $10.0\,\mathrm{k\Omega}$ とすれば、R_b は約 $5.86\,\mathrm{k\Omega}$ となる。

一方、$A = 1$、$R_1 = R_2 = R$ のとき、まず、R_a は無限大、R_b は零となる。すなわち、R_a を開放除去し、R_b を短絡除去する。次に、C_1 と C_2 はそれぞれ式 (9.25) と式 (9.26) から約 $22.5\,\mathrm{nF}$、$11.2\,\mathrm{nF}$ となる。 ■

図 9.11 の抵抗 R_1 と R_2 を容量に、容量 C_1 と C_2 を抵抗に置き換えると 2 次高域通過フィルタを実現できる。また、帯域通過フィルタを実現するためには、図 9.12 を用いればよい。この図に示すフィルタの伝達関数 $T_{sk-bp}(s)$ は

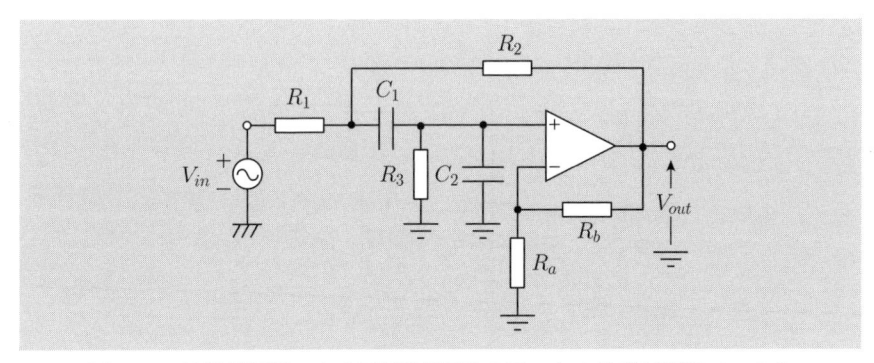

図 9.12 演算増幅器による正相増幅回路を用いた 2 次帯域通過フィルタ

$$T_{sk-bp}(s) = \frac{\dfrac{A}{C_2 R_1} s}{D(s)} \tag{9.30}$$

となる．ただし，$D(s)$ は

$$D(s) = s^2 + s\left\{\frac{1}{C_1}\left(\frac{1}{R_1}+\frac{1}{R_2}\right) + \frac{1}{C_2}\left(\frac{1}{R_1}+\frac{1}{R_3}\right) + \frac{1-A}{C_2 R_2}\right\}$$
$$+ \frac{1}{C_1 C_2 R_3}\left(\frac{1}{R_1}+\frac{1}{R_2}\right) \tag{9.31}$$

である．ここで，$R_1 = R_2 = R_3 = R$，$C_1 = C_2 = C$ として，R と A を

$$R = \frac{\sqrt{2}}{\omega_0 C} \tag{9.32}$$

$$A = 5 - \frac{\sqrt{2}}{Q} \tag{9.33}$$

と選べば，希望の ω_0 および Q を持ったフィルタを構成できる．このとき，中心角周波数 ω_0 における電圧利得を表す表 9.1 の定数 K は

$$K = \frac{5}{\sqrt{2}} Q - 1 \tag{9.34}$$

である．

負帰還型能動 RC フィルタ　受動 RC フィルタに負帰還を掛けることによっても，0.5 以上の Q となるフィルタを実現することができる．負帰還型の 2 次低域通過フィルタを図 9.13 に示す．このフィルタの伝達関数 $T_{nf}(s)$ は

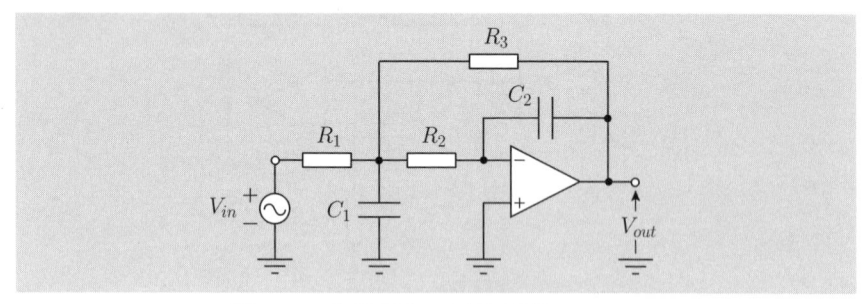

図 9.13　負帰還型 2 次低域通過フィルタ

9.3 縦続接続型構成法

$$T_{nf}(s) = \frac{-1}{s^2 C_1 C_2 R_1 R_2 + sC_2\left(R_1 + R_2 + \frac{R_1 R_2}{R_3}\right) + \frac{R_1}{R_3}}$$

$$= \frac{\dfrac{-1}{C_1 C_2 R_1 R_2}}{s^2 + s\dfrac{1}{C_1}\left(\dfrac{1}{R_1} + \dfrac{1}{R_2} + \dfrac{1}{R_3}\right) + \dfrac{1}{C_1 C_2 R_2 R_3}} \quad (9.35)$$

となる．ここで，$R_1 = R_2 = R_3 = R$ として適当な R を定め，C_1 と C_2 を

$$C_1 = \frac{3Q}{\omega_0 R} \quad (9.36)$$

$$C_2 = \frac{1}{3Q\omega_0 R} \quad (9.37)$$

とすれば，希望の特性の2次低域通過フィルタを実現することができる．また，直流電圧利得を表す定数 K は

$$K = -1 \quad (9.38)$$

である．

図 9.13 に示す 2 次低域通過フィルタも抵抗 R_1 と R_2，R_3 を容量に，容量 C_1 と C_2 を抵抗に置き換えることにより 2 次高域通過フィルタを実現することができる．また，2 次帯域通過フィルタを実現するためには図 9.14 を用いればよい．図 9.14 の回路の伝達関数 $T_{nf-bp}(s)$ は

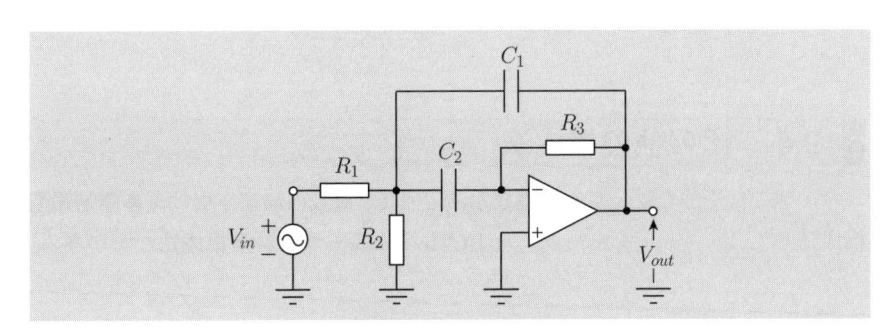

図 9.14　負帰還型 2 次帯域通過フィルタ

$$T_{nf-bp}(s) = \frac{-sC_2R_2}{s^2C_1C_2R_1R_2 + s\dfrac{(C_1+C_2)R_1R_2}{R_3} + \dfrac{R_1+R_2}{R_3}}$$

$$= \frac{-s\dfrac{1}{C_1R_1}}{s^2 + s\left(\dfrac{1}{C_1}+\dfrac{1}{C_2}\right)\dfrac{1}{R_3} + \dfrac{1}{C_1C_2R_3}\left(\dfrac{1}{R_1}+\dfrac{1}{R_2}\right)} \quad (9.39)$$

となる．ここで，$C_1 = C_2 = C$ として適当な C を定め

$$R_1 = R_2 = \frac{1}{Q\omega_0 C} \quad (9.40)$$

$$R_3 = \frac{2Q}{\omega_0 C} \quad (9.41)$$

とすれば，希望のフィルタ特性を実現することができる．また，中心角周波数 ω_0 における電圧利得を表す定数 K は

$$K = -Q^2 \quad (9.42)$$

である．

例題 9.4

図 9.14 の 2 次帯域通過フィルタの中心周波数が 1.00 kHz，Q が 1.00 となるように各素子値を求めよ．

【解答】今までの例題と同じに $C_1 = C_2 = 15.9\,[\mathrm{nF}]$ とすると，式 (9.40) から $R_1 = R_2 \simeq 10.0\,[\mathrm{k\Omega}]$，式 (9.41) から $R_3 \simeq 20.0\,[\mathrm{k\Omega}]$ となる． ∎

9.4 その他の構成法

その他の代表的なフィルタの構成手法として，複数の帰還を掛けた**多重帰還型構成法**や LCR フィルタを模擬した **LC シミュレーション型構成法**などがある．

9 章 の 問 題

☐ **1** 図 9.15 の 2 次受動 RC フィルタについて，以下の問に答えよ．ただし，G_i ($i=1,2$) は各抵抗のコンダクタンスを表している．
(1) 図 9.15 の 2 次受動 RC フィルタの伝達関数 V_{out}/V_{in} を求めよ．
(2) 2 次フィルタのクォリティファクタ Q が 0.5 未満であることは，伝達関数の分母の 2 次多項式を s について解いたとき，解が実数であることを意味している．このことから，図 9.15 の 2 次受動 RC フィルタの Q が 0.5 未満であることを示せ．

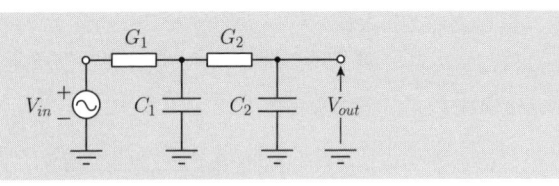

図 9.15　2 次受動 RC フィルタ

☐ **2** 図 9.10 の状態変数型構成のフィルタと第 2 章で説明した加算回路だけを用いて，2 次高域通過フィルタを構成せよ．

☐ **3** 図 9.10 の状態変数型 2 次低域通過フィルタにおいて，他の特性は変えずに，直流電圧利得を表す定数 K だけを 2 倍にするにはどのように素子値を変更すればよいか答えよ．同様に，図 9.11 の 2 次低域通過フィルタにおいて，他の特性は変えずに，直流電圧利得を表す定数 K だけを 1/2 倍にするにはどのようにすればよいか答えよ．

☐ **4** 図 9.16 の 2 次能動 RC フィルタについて，以下の問に答えよ．ただし，G_i ($i=1\sim4$) は各抵抗のコンダクタンスを表している．
(1) 図 9.16 の 2 次能動 RC フィルタの伝達関数 V_{out}/V_{in} を求めよ．
(2) $G_1 = G_2$, $C_1 = C_2$ としたとき，$Q=1.00$ となるための G_3 と G_4 の関係を求めよ．
(3) 2 次のフィルタが安定に動作するためにはクォリティファクタ Q が正でなければならない[5]．図 9.16 の 2 次能動 RC フィルタが安定に動作するための G_3 と G_4 の関係を求めよ．

---

[5] 2 次のフィルタが安定に動作するためには，その分母多項式のすべての係数が正でなければならない．詳細は，たとえば，拙著「線形回路理論」(昭晃堂) を参照のこと．

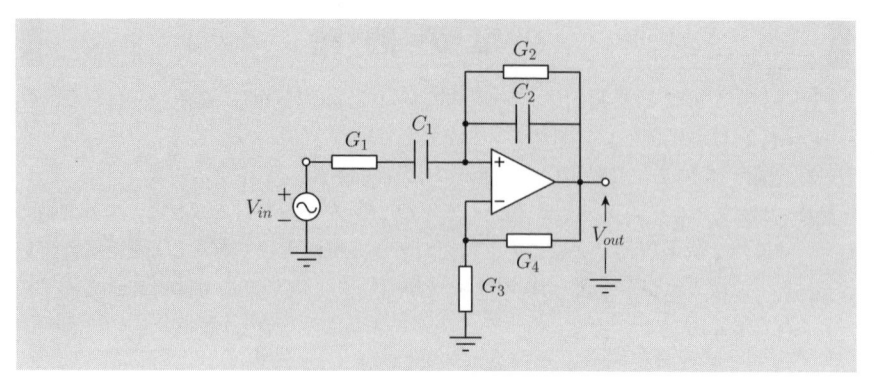

図 9.16　正帰還型 2 次能動 RC フィルタ

☐ **5**　伝達関数 $T(s)$ が適当な実数 K と a_1, a_2 を用いて

$$T(s) = K\frac{s^2 - a_1 s + a_2}{s^2 + a_1 s + a_2} \tag{9.43}$$

と表されるとき，その振幅特性は $|K|$ となり，信号周波数に関係なく一定となる．このような伝達関数を持つフィルタを **2 次全域通過フィルタ**と呼ぶ．図 9.17 の回路において，$C_1 = C_2 = 15.9\,[\mathrm{nF}]$, $G_1 = 9.55\,[\mu\mathrm{S}]$, $G_2 = 0.500\,[\mathrm{mS}]$, $G_3 = 0.100\,[\mathrm{mS}]$, $G_4 = 15.5\,[\mu\mathrm{S}]$, $G_5 = 11.2\,[\mu\mathrm{S}]$, $G_6 = 0.112\,[\mathrm{mS}]$ のとき 2 次全域通過フィルタとなることを確かめよ．また，この全域通過フィルタのクォリティファクタと中心周波数を求めよ．

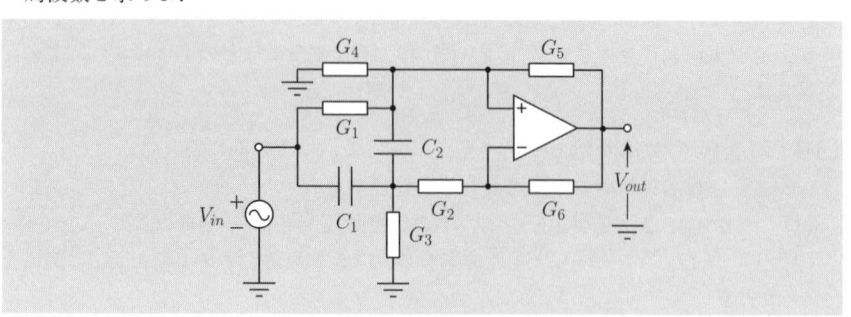

図 9.17　2 次全域通過フィルタ

第10章

発振回路とPLL

　第7章では，負帰還回路技術について説明した．本章では，**正帰還回路技術**を用いた発振回路の構成について説明する．特に，正弦波を出力する発振回路は**正弦波発振回路**と呼ばれ，この正弦波発振回路の動作原理や構成について述べる．さらに，方形波を出力する発振回路についても説明し，最後に発振回路を利用したPLLと呼ばれる回路の動作と応用について学ぶ．

10.1	正弦波発振回路
10.2	弛張発振回路
10.3	PLLの構成

10.1 正弦波発振回路

■ 10.1.1 正弦波発振の原理

正帰還回路とは，図 10.1 に示すように，負帰還回路とは異なり，出力信号の一部を入力信号と同相となるように帰還し，入力信号と加算した後に増幅部に入力する回路である．図 10.1 の回路において，出力信号 S_{out} は

$$S_{ou} = \frac{A}{1 - AH} S_{in} \tag{10.1}$$

と表される．ここで，入力信号を加えない，すなわち S_{in} が零であっても，開ループ利得 AH が 1 であれば増幅利得は無限大となるので，出力信号が発生する可能性がある．入力信号を加えなくても出力信号が現れる状態を**発振**と呼ぶ．

図 10.1 の回路において，A や H は一般には実数ではなく，複素数であるので，AH も複素数になる．このため，$AH = 1$ という条件は，AH の虚部が零となる

$$\mathrm{Im}[AH] = 0 \tag{10.2}$$

という条件と，実部が 1 となる

$$\mathrm{Re}[AH] = 1 \tag{10.3}$$

という条件に分けることができる．式 (10.2) は正弦波発振回路の発振周波数を決定する条件であるので**周波数条件**と呼ばれている．一方，式 (10.3) は正弦波発振回路が発振するための増幅回路の利得の条件であるので**電力条件**と呼ばれている．ただし，電力条件として，実際には

$$\mathrm{Re}[AH] \geq 1 \tag{10.4}$$

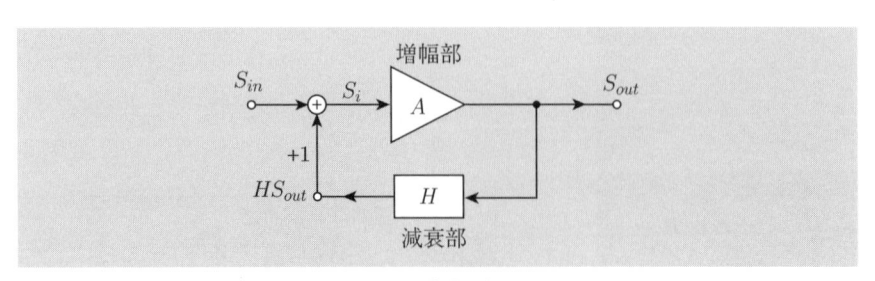

図 10.1　正弦波発振の原理

10.1 正弦波発振回路

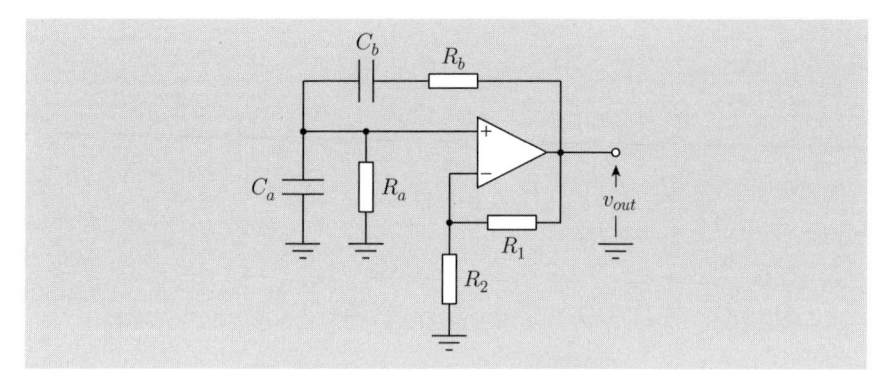

図 10.2 ウィーンブリッジ発振回路

という不等号が成り立てばよいことが知られている．

■**10.1.2 正弦波発振回路の例**

RC 発振回路 演算増幅器と抵抗，容量を用いた正弦波発振回路の代表的な例として，図 10.2 に示すウィーンブリッジ発振回路がある．

図 10.2 の回路は正相増幅回路と RC 回路から構成されている．この回路の発振周波数や発振するために必要な正相増幅回路の利得を求めるためには，信号が帰還される経路を切断し，開ループ利得を求めなければならない．回路を切断すると，縦続接続型増幅回路の場合と同様に，切断された部分に流れる電流の影響を考えなければならない．しかし，電流が流れ込まない場合は切断の影響を考える必要はない[1]．そこで，図 10.2 の回路を正相増幅回路の入力端子で切断して得られる図 10.3 から開ループ利得 AH を求める．

図 10.3 から開ループ利得 AH は

$$AH = \frac{j\omega C_a R_b \left(1 + \dfrac{R_1}{R_2}\right)}{(1 - \omega^2 C_a C_b R_a R_b) + j\omega(C_a R_a + C_a R_b + C_b R_b)} \tag{10.5}$$

となる．この式から，開ループ利得の虚部が零となる条件である周波数条件は

$$1 - \omega^2 C_a C_b R_a R_b = 0 \tag{10.6}$$

---

[1] 電流をいくらでも供給できる場合，すなわち，電圧源の場合も切断の影響を考える必要はない．図 10.2 では，正相増幅回路は一種の電圧制御電圧源であるので，正相増幅回路の出力端子で切断してもよい．

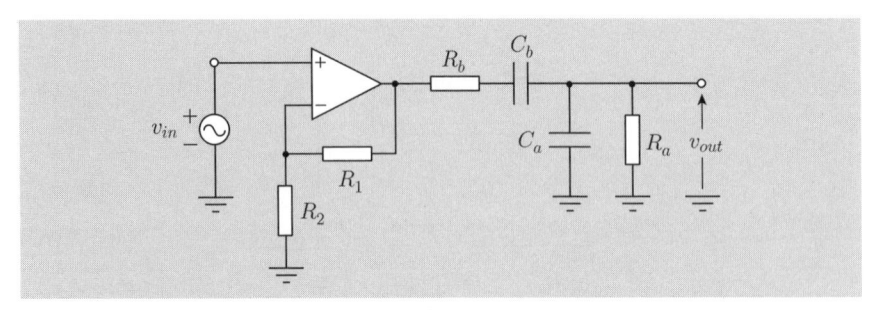

図 10.3 ウィーンブリッジ発振回路のループ利得を求めるための回路

となる．この式を満足する周波数が発振周波数となるので，発振周波数 f_{osc} は

$$f_{osc} = \frac{1}{2\pi}\sqrt{\frac{1}{C_a C_b R_a R_b}} \tag{10.7}$$

であることがわかる．一方，開ループ利得の実部が 1 以上となる条件である電力条件は

$$\frac{C_a R_b \left(1 + \dfrac{R_1}{R_2}\right)}{C_a R_a + C_a R_b + C_b R_b} \geq 1 \tag{10.8}$$

となる．

■ **例題 10.1**

図 10.2 のウィーンブリッジ発振回路において，素子値が $R_a = R_b = 10\,[\text{k}\Omega]$，$C_a = C_b = 16\,[\text{nF}]$ のとき，発振周波数を求めよ．また，電力条件から抵抗値 R_1 と R_2 を求めよ．

【解答】 式 (10.7) から発振周波数 f_{osc} は約 990 Hz となる．また，式 (10.8) から $R_1/R_2 \geq 2$ でなければならない．たとえば，R_2 を $10\,\text{k}\Omega$ とすれば，R_1 は $20\,\text{k}\Omega$ 以上となる． ■

LC 発振回路 ウィーンブリッジ発振回路は演算増幅器を用いているため，比較的低い周波数の正弦波信号を得るために用いられる．それよりも高い周波数の正弦波信号を得るためには **LC 発振回路** が用いられる．

LC 発振回路はトランジスタとインダクタ，容量を用いて構成されている．インダクタは高い周波数領域において比較的優れた特性を示すため，LC 発振回路は RC 発振回路よりも高い周波数の正弦波信号を得るのに適している．図 10.4

10.1 正弦波発振回路

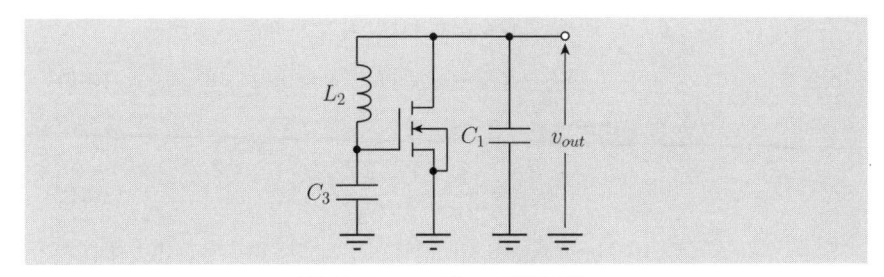

図 10.4 コルピッツ発振回路

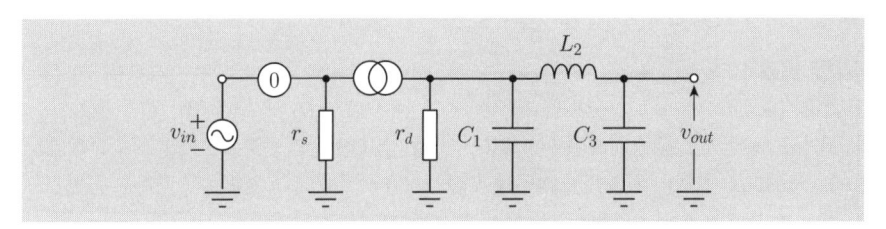

図 10.5 コルピッツ発振回路のループ利得を求めるための回路

に，代表的な LC 発振回路の一つであるコルピッツ発振回路を示す．ただし，バイアス回路は省略している．

コルピッツ発振回路の開ループ利得 AH を求めるためには，RC 発振回路と同様に，信号が帰還される経路を切断しなければならない．MOS トランジスタのゲート端子には電流が流れ込まないので，ゲート端子で切断すればよい．この結果，図 10.5 が得られる．ただし，抵抗 r_d は第 3 章で説明したチャネル長変調効果を考慮した結果，付加した抵抗であり，r_d はドレイン電流 I_D とチャネル長変調係数 λ を用いて

$$r_d \simeq \frac{1}{\lambda I_D} \tag{10.9}$$

と近似的に表すことができる[2]．

図 10.5 からコルピッツ発振回路の開ループ利得 AH を求めると

$$AH = \frac{-g_m r_d}{1 - \omega^2 L_2 C_3 + j\omega(C_1 + C_3 - \omega^2 C_1 L_2 C_3)} \tag{10.10}$$

---

[2] 導出は 3 章の章末問題 4 を参照のこと．

となる．ただし，$g_m = 1/r_s$ である．式 (10.10) から周波数条件は

$$C_1 + C_3 - \omega^2 C_1 L_2 C_3 = 0 \tag{10.11}$$

となり，この式から発振周波数 f_{osc} は

$$f_{osc} = \frac{1}{2\pi}\sqrt{\frac{C_1 + C_3}{C_1 C_3 L_2}} \tag{10.12}$$

となる．また，式 (10.11) を式 (10.10) に代入することにより，電力条件が

$$g_m r_d \geq \frac{C_3}{C_1} \tag{10.13}$$

であることがわかる．

■ 例題 10.2

図 10.4 のコルピッツ発振回路において，素子値が $L_2 = 7.9\,[\mu\mathrm{H}]$，$C_1 = C_3 = 16\,[\mathrm{nF}]$ のとき，発振周波数を求めよ．また，MOS トランジスタのドレイン電流 I_D が $45\,\mu\mathrm{A}$，チャネル長変調係数 λ が $0.030\,\mathrm{V}^{-1}$ のとき発振するために必要な最小のトランスコンダクタンス係数 K を電力条件から求めよ．

【解答】 式 (10.12) から発振周波数 f_{osc} は約 $20\,\mathrm{MHz}$ となる．また，式 (10.13) から $g_m r_d \geq 1$ でなければならない．さらに，g_m は $g_m \simeq 2\sqrt{K I_D}$ と表されるので，この式と式 (10.9) から

$$\frac{2}{\lambda}\sqrt{\frac{K}{I_D}} \geq 1 \tag{10.14}$$

という不等式が得られる．この不等式を書き直すと

$$\sqrt{K} \geq \frac{\lambda \sqrt{I_D}}{2} \tag{10.15}$$

となるので，K は約 $10\,\mathrm{nS \cdot V}^{-1}$ 以上であれば図 10.4 のコルピッツ発振回路は発振する．　■

水晶発振回路　水晶発振回路は**水晶振動子**を用いた発振回路である．水晶振動子を用いると，極めて精度の高い発振周波数が得られる．水晶振動子の記号とそのモデルを図 10.6 に示す．水晶振動子では，一般に図 10.6 の L_S と C_S の積を高い精度で決めることができ，C_0 は C_S よりも非常に大きな値である．図 10.6 から水晶振動子のアドミタンス $Y_{crystal}$ を求めると

$$Y_{crystal} = \frac{1}{j\omega L_S + \dfrac{1}{j\omega C_S}} + j\omega C_0 \tag{10.16}$$

10.1 正弦波発振回路

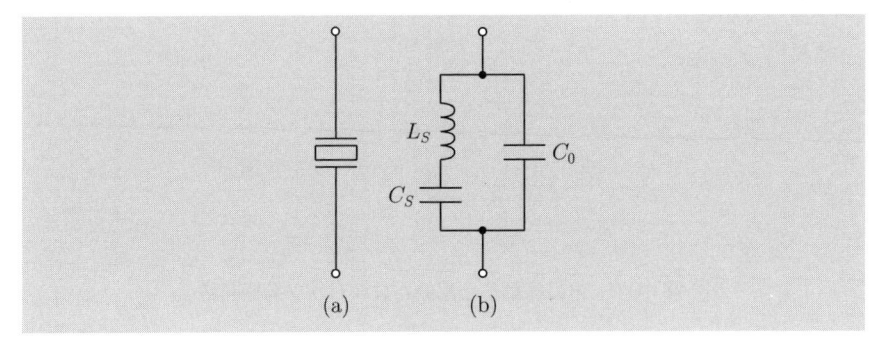

図 10.6 水晶振動子の記号とモデル

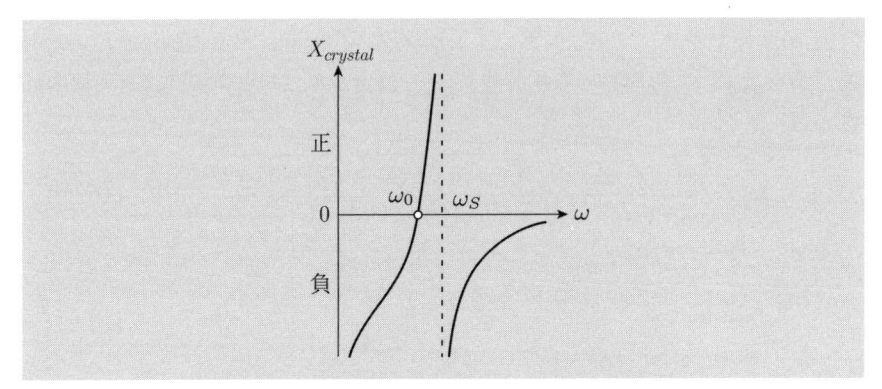

図 10.7 水晶振動子のリアクタンスの周波数特性

となる．さらにこの式から，水晶振動子のリアクタンス $X_{crystal}$ が

$$X_{crystal} = \frac{-(1-\omega^2 L_S C_S)}{\omega(C_0 + C_S - \omega^2 C_0 L_S C_S)} \qquad (10.17)$$

と求められる．この式を図示すると，図 10.7 となる．ただし，ω_0 と ω_S は

$$\omega_0 = \sqrt{\frac{1}{L_S C_S}} \qquad (10.18)$$

$$\omega_S = \sqrt{\frac{C_0 + C_S}{C_0 L_S C_S}} \qquad (10.19)$$

である．一般に，$C_0 \gg C_S$ が成り立つので，水晶振動子をインダクタの代わりに用いることができる範囲 ω_0 から ω_S の間隔は極めて狭いことがわかる．した

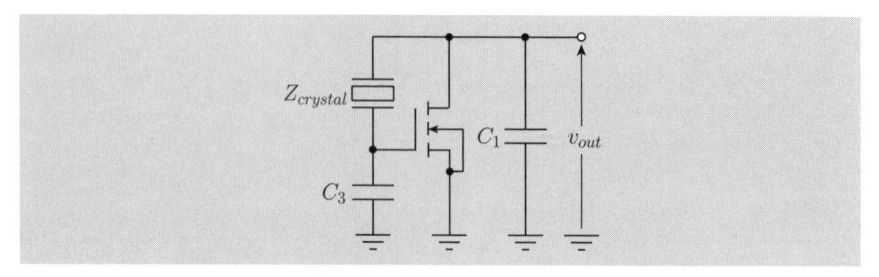

図 10.8 水晶振動子を用いたコルピッツ発振回路

がって，水晶振動子をインダクタの代わりに用いると，L_S と C_S の積から決定される周波数に極めて近い周波数で発振することが予想される．

図 10.8 にコルピッツ発振回路のインダクタの代わりに水晶振動子を用いた発振回路を示す．この回路の発振周波数 f_{osc} は，コルピッツ発振回路と同様の計算から

$$f_{osc} = \frac{1}{2\pi}\sqrt{\frac{1}{L_S C_S}}\sqrt{\frac{(C_0+C_S)(C_1+C_3)+C_1 C_3}{C_0(C_1+C_3)+C_1 C_3}} \quad (10.20)$$

となる．ここで $C_0 \gg C_S$ という近似を用いれば

$$f_{osc} \simeq \frac{1}{2\pi}\sqrt{\frac{1}{L_S C_S}} \quad (10.21)$$

となるので，非常に精度の高い発振周波数が得られることがわかる．

■ 例題 10.3

図 10.8 の発振回路において，$C_1 = C_3 = 16\,[\mathrm{nF}]$ のときと $C_1 = C_3 = 32\,[\mathrm{nF}]$ のとき，式 (10.20) から発振周波数を求めよ．ただし，水晶振動子として $C_S = 10\,[\mathrm{fF}]$，$C_0 = 3.0\,[\mathrm{pF}]$，$L_S = 10\,[\mathrm{mH}]$ の図 10.6 のモデルを用いるものとする．

【解答】 式 (10.20) から，$C_1 = C_3 = 16\,[\mathrm{nF}]$ のとき発振周波数 f_{osc} は約 16 MHz，$C_1 = C_3 = 32\,[\mathrm{nF}]$ のときも約 16 MHz となる．たとえ精度を高めて計算しても，$C_1 = C_3 = 16\,[\mathrm{nF}]$ のときが $C_1 = C_3 = 32\,[\mathrm{nF}]$ のときよりも約 3.1×10^{-5} % 発振周波数が高いだけである．このように，水晶発振回路の発振周波数はほぼ水晶振動子の特性だけで決定される．

10.2 弛張発振回路

容量への充放電を利用して方形波や三角波などを生成するための発振回路を**弛張発振回路**と呼ぶ．ここでは，代表的な弛張発振回路である**リングオシレータ**の動作について説明する．

リングオシレータとは逆相増幅回路をリング状に接続した発振回路である．図 10.9 にリングオシレータの原理図を示す．ただし，図 10.9 の −1 と書かれた三角形は逆相増幅回路を表しており，左から「1」，「2」，…，「n」とラベルが振られている．ただし，n は奇数とする．各逆相増幅回路へ入力される信号の変化は遅れを持って出力に伝達される．この信号の伝搬遅延時間を t_{inv} とすると，「1」というラベルが振られた逆相増幅回路の入力が電位の低い状態 (L と記述) から電位の高い状態 (H と記述) に変化すると，その変化が「2」というラベルが振られた逆相増幅回路に伝わり，その出力は電位の高い状態から低い状態へと変化する．この変化が「n」というラベルが振られた逆相増幅回路に伝わるまでの時間 t_{delay} は

$$t_{delay} = nt_{inv} \tag{10.22}$$

となる．n 段目の出力は 1 段目の入力でもあるので，t_{delay} 後に 1 段目の入力が変化し，さらに t_{delay} 後に再び元の状態に戻る．したがって，リングオシレータの発振周波数 f_{osc} は

$$f_{osc} = \frac{1}{2t_{delay}} = \frac{1}{2nt_{inv}} \tag{10.23}$$

であることがわかる．

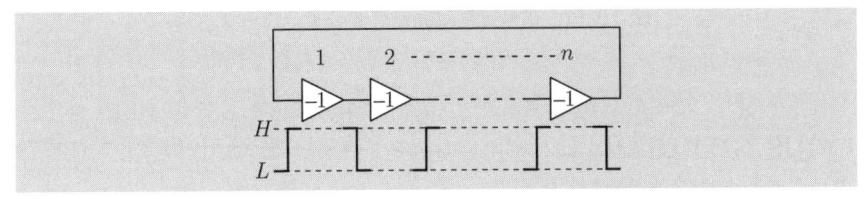

図 10.9 リングオシレータの動作原理

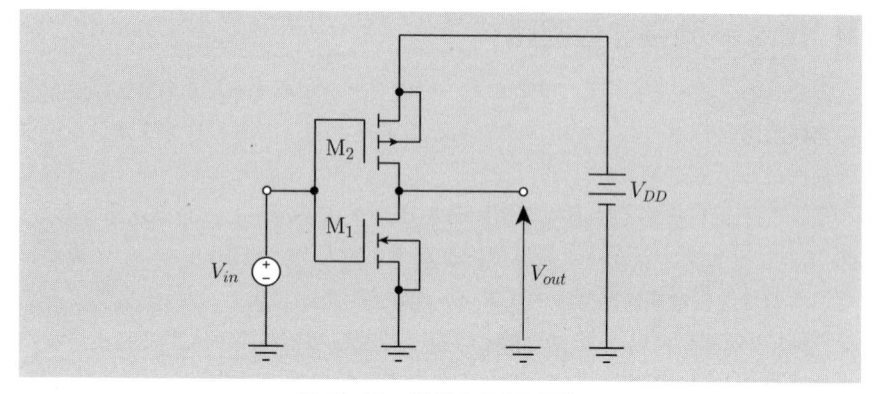

図 10.10 CMOS NOT 回路

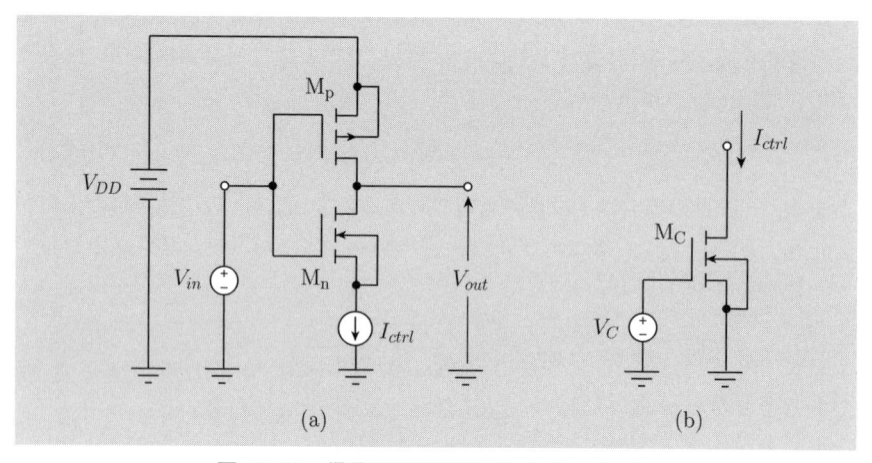

図 10.11 信号遅延時間が可変のインバータ

リングオシレータを構成するための逆相増幅回路として図 10.10 に示す **CMOS NOT 回路**がしばしば用いられる．また，図 10.10 の逆相増幅回路の信号の伝搬遅延時間は出力端子に付随する寄生容量の充放電によって定まるので，リングオシレータの周波数を電子的に制御するために，図 10.11(a) に示すように，トランジスタ M_n のソース端子に直流電流源回路を付加する．この回路は**電圧制御発振回路** (**Voltage-Controlled Oscillator, VCO**) と呼ば

れている．直流電流源回路は，図 10.11(b) に示されるように構成し，その電流はゲートに加えられた電圧 V_C により変化する．さらに，M_p のソース端子にも直流電流源回路を付加し，2 個の直流電流源回路の電流を同時に変えて，発振周波数を制御する電圧制御発振回路もある．

■ 例題 10.4

図 10.9 のリングオシレータにおいて，逆相増幅回路の信号伝搬遅延時間 t_{inv} が 0.50 ns，逆相増幅回路の数 n が 7 のとき，発振周波数を求めよ．

【解答】 式 (10.23) から発振周波数は約 140 MHz となる．

Regeneration Theory

「Regeneration Theory」とは，1932 年 7 月に出版された，ナイキスト線図で有名な Harry Nyquist の論文のタイトルである．この論文では，Regeneration，すなわち正帰還が重要な現象であることを述べている．実は，第 7 章のコラムに書いた負帰還増幅回路を発明した Harold S. Black が負帰還増幅回路の安定性について自身の解析能力の限界を知り，同僚の Nyquist に助けを求めたことに端を発し，この論文は執筆された．Nyquist は Yale 大学の物理学の学位を有し，ベル研究所において線形電気回路の解析に複素変数理論を用いる研究を進めていたので，まさしくこのような相談をする相手としてうってつけだった．しかし，Nyquist 自身は帰還回路の安定性の解析よりも発振現象に興味を持っていたようである．

10.3　PLL の構成

PLL とは，**Phase-Locked Loop** (**位相同期ループ**) の略であり，入力される信号の位相と出力する信号の位相が一致するように動作する回路である．PLL は変調波の復調，クロック信号の再生，周波数シンセサイザの構成など，幅広い用途に用いられている．ここでは，PLL の基本的な動作の概要を説明し，PLL の応用についても述べる．

■10.3.1　PLL の動作の概要

基本的な PLL は，図 10.12 に示すとおり，**位相比較回路**と低域通過フィルタ，電圧制御発振回路によって構成されている．位相比較回路とは，2 個の入力を持ち，入力された信号の位相のどちらが進んでいるか，あるいは遅れているかを判定する回路である．

以下では，入力信号周波数と電圧制御発振回路の発振周波数の差に着目し，PLL の動作について説明する．

■10.3.2　PLL の基本動作

ここでは，基本的な PLL の動作について説明する．位相比較回路として**乗算回路**を用いる．乗算回路とは，2 個の入力を乗算した結果に比例した信号を出力する回路である．たとえば，乗算回路として図 10.13 に示す回路がよく用いられる．この回路は**ギルバート乗算回路**と呼ばれている．この乗算回路はバイポーラトランジスタを用いているが，MOS トランジスタを用いても同様に信号の乗算を行うことができる．

図 10.13 の乗算回路において，すべてのバイポーラトランジスタのベース・エミッタ間が順方向バイアス，コレクタ・ベース間が逆方向バイアスであるな

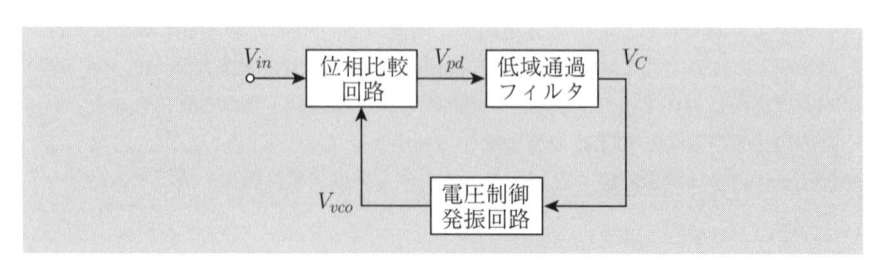

図 10.12　PLL の概要

10.3 PLL の構成

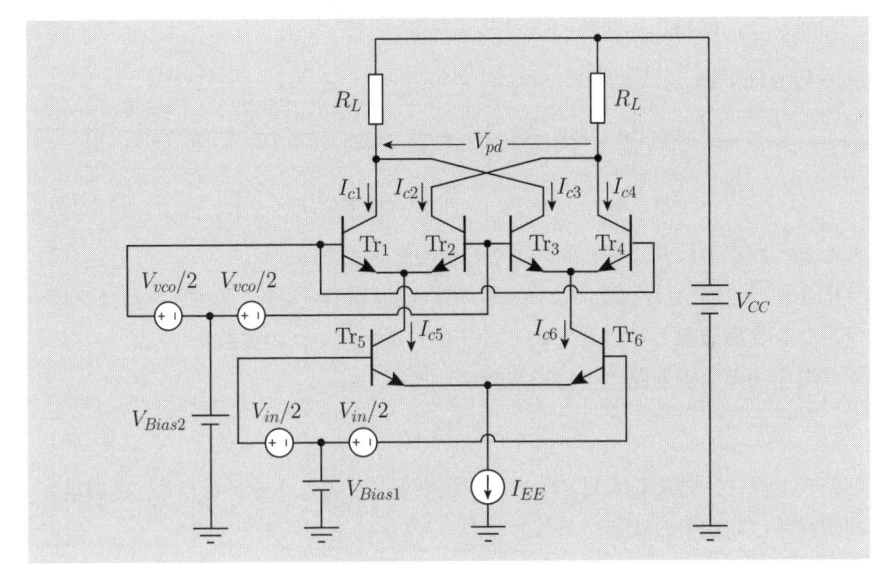

図 10.13 乗算回路

らば

$$V_{pd} = -R_L \frac{q^2 I_{EE}}{4k^2 T^2} V_{vco} V_{in} \quad (10.24)$$

という特性となることが知られている[3]．ただし，q は単位電荷，k はボルツマン定数，T は絶対温度である．

低域通過フィルタとしては，直流から遮断周波数までの周波数の信号を K_{lpf} 倍し，遮断周波数以上の周波数の信号は全く通さない，すなわち，0 倍する回路を仮定する．さらに，PLL への入力信号 $V_{in}(t)$ が

$$V_{in}(t) = A_{in} \sin(2\pi f_{in} t + \theta_{in}) \quad (10.25)$$

という正弦波信号であるとし，電圧制御発振回路の出力信号 $V_{vco}(t)$ も

$$V_{vco}(t) = A_{vco} \sin\left(2\pi f_{vco} t + \theta_{vco} + \frac{\pi}{2}\right) \quad (10.26)$$

という正弦波信号であると仮定する[4]．

---

[3] 本章の章末問題 3 を参照のこと．
[4] 電圧制御発振回路の出力 $V_{vco}(t)$ に位相 $\pi/2$ が加わっているのは乗算回路が $\pi/2$ からの位相差を検知する回路であるためである．

第10章 発振回路とPLL

このとき，位相比較回路の出力 $V_{pd}(t)$ は

$$\begin{aligned}
V_{pd}(t) &= K_{mul}V_{in}(t)V_{vco}(t) \\
&= \frac{K_{mul}A_{in}A_{vco}}{2}\Big[\cos\Big\{2\pi(f_{in}-f_{vco})t+(\theta_{in}-\theta_{vco})-\frac{\pi}{2}\Big\} \\
&\quad -\cos\Big\{2\pi(f_{in}+f_{vco})t+(\theta_{in}+\theta_{vco})+\frac{\pi}{2}\Big\}\Big] \quad (10.27)
\end{aligned}$$

となる．ただし，K_{mul} は乗算回路の変換利得である．

PLLに入力が加わっていないときの電圧制御発振回路の発振周波数は**フリーランニング周波数**と呼ばれている．フリーランニング周波数を f_{free} としたとき，電圧制御発振回路の発振周波数 f_{vco} が

$$f_{vco} = K_{vco}V_C(t) + f_{free} \quad (10.28)$$

というように，制御電圧 $V_C(t)$ の1次式で表されるとする．ただし，この場合，制御電圧は時間 t の関数であり，また，K_{vco} は正であるとする．

低域通過フィルタの遮断周波数を適切に設定し，式(10.27)において，$f_{in}+f_{vco}$ という周波数の信号成分を除去したとすると，低域通過フィルタの出力 $V_C(t)$ は

$$V_C(t) = \frac{K_{lpf}K_{mul}A_{in}A_{vco}}{2}\sin\{2\pi(f_{in}-f_{vco})t+(\theta_{in}-\theta_{vco})\} \quad (10.29)$$

となる．

まず，f_{in} が f_{vco} よりも大きいと仮定すると，$V_C(t)$ が正のとき，式(10.28)から f_{vco} が増加するため，f_{in} と f_{vco} の差が縮まり，瞬間的な周波数が低くなる．したがって，$V_C(t)$ が正である状態が長く続く．次に $V_C(t)$ が負のとき，f_{vco} が減少し，f_{in} と f_{vco} の差が広がり，瞬間的な周波数が高くなるので，$V_C(t)$ が負である時間は短くなる．この様子を図10.14(a) に示す．

今度は，f_{in} が f_{vco} よりも小さい場合について考える．f_{vco} は，$V_C(t)$ が正のとき増加し，負のときは減少する．したがって，f_{in} と f_{vco} の差は $V_C(t)$ が正のときに広がり，負のときに縮まるので，$V_C(t)$ の出力は図10.14(b) のようになる．

このように，f_{in} が f_{vco} よりも大きいとき，$V_C(t)$ の時間平均は正となり，f_{vco} が増加し，f_{in} に近づく．また，f_{in} が f_{vco} よりも小さいとき，$V_C(t)$ の時

10.3 PLL の構成

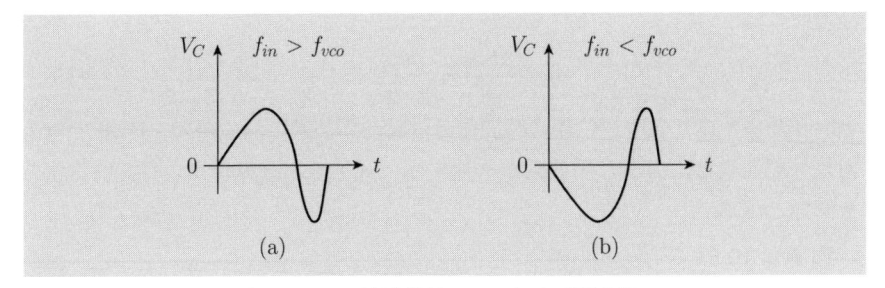

図 10.14 低域通過フィルタの時間応答

間平均は負となり，f_{vco} が減少し，この場合も f_{in} に近づく．以上から，PLL では入力信号周波数 f_{in} が電圧制御発振回路の発振周波数 f_{vco} と異なっていても，やがて f_{vco} が f_{in} と等しくなることがわかる．

この性質から，電圧制御発振回路の発振周波数と入力信号周波数は等しくなるので，$f_{in} = f_{osc}$ として解析を行う．$f_{in} = f_{osc}$ とすると，式 (10.29) から低域通過フィルタの出力である制御電圧 V_C は

$$V_C = \frac{K_{lpf}K_{mul}A_{in}A_{vco}}{2}\sin(\theta_{in} - \theta_{vco}) \tag{10.30}$$

となる．この式は，時間 t を含まない直流信号を表しており，θ_{in} と θ_{vco} の差の関数となっていることがわかる．

ここで，$K_{lpf}K_{mul}A_{in}A_{vco}/2$ が 1 よりも十分大きい場合において，V_C が有限の値になったと仮定する．このとき，入力信号の位相 θ_{in} と電圧制御発振回路の出力信号の位相 θ_{vco} の差は

$$\theta_{in} - \theta_{vco} = \sin^{-1}\left(\frac{2V_C}{K_{lpf}K_{mul}A_{in}A_{vco}}\right) \tag{10.31}$$

であるから，$K_{lpf}K_{mul}A_{in}A_{vco}/2 \to \infty$ のとき

$$\theta_{in} - \theta_{vco} = 0 \tag{10.32}$$

となることがわかる．このように，$K_{lpf}K_{mul}A_{in}A_{vco}/2$ を十分大きな値に選び，V_C を有限値に収束させることができれば，入力信号周波数の位相と電圧制御発振回路の位相は一致する．

実際には，$K_{lpf}K_{mul}A_{in}A_{vco}/2$ は無限大ではないので，θ_{in} と θ_{vco} の間には一定の誤差が生じる．しかし，誤差は一定であるので，θ_{in} と θ_{vco} の時間微

分の間には

$$\frac{d\theta_{in}}{dt} = \frac{d\theta_{vco}}{dt} \tag{10.33}$$

という関係が成り立つ．位相の時間微分は瞬時周波数であるので，PLL では入力信号周波数と出力信号周波数が一致する．式 (10.33) が成り立っている状態を**同期**と呼ぶ．

例題 10.5

K_{lpf}=1.0, $K_{mul} = 370\,[\text{V}^{-1}]$, $A_{in} = 0.50\,[\text{V}]$, $A_{vco} = 0.50\,[\text{V}]$ である PLL が同期し，$V_C = 1.0\,[\text{V}]$ となった．このときの入力信号周波数の位相と電圧制御発振回路の位相の差を求めよ．

【解答】 式 (10.31) から位相の差は約 $0.022\,\text{rad}$，すなわち，約 1.2 度となる．■

■10.3.3 PLL の応用

復調回路 PLL の応用の一つとして，変調された信号を復調するために PLL がしばしば用いられる．ここでは，**振幅変調**された信号，**周波数変調**された信号，**位相変調**された信号について PLL を用いた復調方式について説明する．

一般に搬送波として正弦波が用いられ，搬送波 $V_{carrier}(t)$ は

$$V_{carrier}(t) = A_c \cos(2\pi f_{carrier} t + \theta_{carrier}) \tag{10.34}$$

と表される．振幅変調は **AM 変調 (Amplitude Modulation)** とも呼ばれ，信号波 $S_{signal}(t)$ により搬送波の振幅 A_c を

$$A_c(t) = K_{AM} S_{signal}(t) \tag{10.35}$$

と変化させる方式である．ただし，K_{AM} は定数である．簡単のため信号波 $S_{signal}(t)$ が

$$S_{signal}(t) = V_{signal} \cos(2\pi f_{signal} t) \tag{10.36}$$

という正弦波信号であるとする．式 (10.34) から式 (10.36) を用いると変調波 $V_{AM}(t)$ は

$$V_{AM}(t) = K_{AM} V_{signal} \cos(2\pi f_{signal} t) \cos(2\pi f_{carrier} t + \theta_{carrier}) \tag{10.37}$$

となる．すなわち，振幅変調とは信号波と搬送波の積に比例した信号を変調波

10.3 PLL の構成

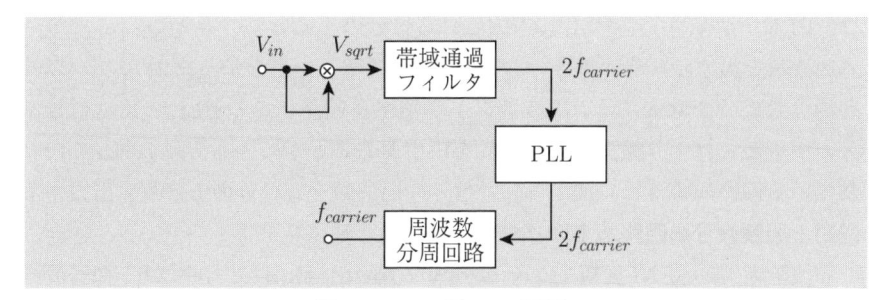

図 10.15　2 乗ループ回路

として用いることに他ならない．したがって，変調回路として乗算回路が用いられる．

搬送波の周波数が受信側で既知であるならば，変調波と搬送波と同じ周波数の信号を乗算回路に入力することにより，2 個の入力信号の周波数が和と差の周波数成分に変換され，低域通過フィルタの出力から信号波のみを取り出すことができる．しかし，式 (10.37) に示す正弦波信号の乗算はそれぞれの周波数成分の和と差に変換されるため，変調波には搬送波周波数成分が含まれない．このため，受信側で搬送波周波数を作り出す必要がある．

PLL を用いた搬送波周波数を生成する回路を図 10.15 に示す．この回路は**2 乗ループ回路**と呼ばれている．式 (10.37) に示す変調波を 2 乗ループ回路に入力すると，等しい入力が乗算回路に加えられるので，乗算回路の出力には式 (10.37) の 2 個の周波数成分それぞれの和と差の周波数成分が現れる．すなわち，乗算回路の出力 V_{sqrt} は

$$\begin{aligned}V_{sqrt}(t) = K_{sqrt}K_{AM}^2 V_{signal}^2 [&\cos\{4\pi(f_{carrier}+f_{signal})t+\theta_{carrier}\}\\&+2\cos(4\pi f_{carrier}t+\theta_{carrier})\\&+\cos\{4\pi(f_{carrier}-f_{signal})t+\theta_{carrier}\}\\&+2\cos(4\pi f_{signal}t+\theta_{carrier})\\&+2\cos\theta_{carrier}]/8\end{aligned} \quad (10.38)$$

となる．ただし，K_{sqrt} は乗算回路の変換利得である．これらの周波数成分から中心周波数が $2f_{carrier}$ である帯域通過フィルタによって主に $2f_{carrier}$ という周波数成分が取り出され，PLL に入力される．PLL 内の電圧制御発振回路

は，PLLの性質から，PLLに入力される信号の主成分である$2f_{carrier}$と等しい周波数を出力し，帯域通過フィルタだけでは取りきれなかった$2f_{carrier}$以外の周波数成分を除去する．周波数を1/2倍する回路にこのPLLの出力信号を入力することにより搬送波の周波数を再生することができる．図10.15で使われている回路のように，加えられた信号の周波数を整数分の1倍して出力する回路を**周波数分周回路**あるいは単に**分周回路**と呼ぶ[5]．

周波数変調は，**FM変調** (**Frequency Modulation**) とも呼ばれ，搬送波の瞬時周波数を信号波により変化させる方式である．瞬時周波数f_{inst}は，$f_{carrier}$から信号波$S_{signal}(t)$により

$$f_{inst}(t) = f_{carrier} + K_{FM} S_{signal}(t) \tag{10.39}$$

と変化する．振幅変調と同様に，信号波$S_{signal}(t)$が式(10.36)で示された正弦波信号であるとすると，式(10.39)は

$$\begin{aligned} f_{inst}(t) &= f_{carrier} + K_{FM} V_{signal} \cos(2\pi f_{signal} t) \\ &= f_{carrier} + \Delta f \cos(2\pi f_{signal} t) \end{aligned} \tag{10.40}$$

となる．式(10.40)から明らかなように，$\Delta f = K_{FM} V_{signal}$は$f_c$からの周波数の最大偏移を表していることから，**最大周波数偏移**と呼ばれている．変調波の瞬時位相ϕ_{inst}は式(10.40)を時間tに関して積分すると得られ

$$\begin{aligned} \phi_{inst} &= 2\pi \int f_{inst} dt = 2\pi f_{carrier} + \frac{\Delta f}{f_{signal}} \sin(2\pi f_{signal} t) + \theta_{carrier} \\ &= 2\pi f_{carrier} + m_{FM} \sin(2\pi f_{signal} t) + \theta_{carrier} \end{aligned} \tag{10.41}$$

となる．ただし，m_{FM}は

$$m_{FM} = \Delta f / f_{signal} \tag{10.42}$$

であり，**変調指数**と呼ばれている．また，$\theta_{carrier}$は積分定数である．式(10.41)から変調波$V_{FM}(t)$は

$$V_{FM}(t) = V_c \cos\{2\pi f_{carrier} + m_{FM} \sin(2\pi f_{signal} t) + \theta_{carrier}\} \tag{10.43}$$

---

[5] 周波数を1/2倍する分周回路はTフリップフロップを用いて実現することができる．Tフリップフロップについては，たとえば，小林，髙木著「ディジタル集積回路入門」(昭晃堂) を参照のこと．

10.3 PLL の構成

となる.周波数変調では,振幅変調と異なり,搬送波の振幅ではなく周波数を信号波に応じて変化させているため信号対雑音比の点で優れている.

PLL 内の電圧制御発振回路は,PLL の性質から,同期した状態では PLL に加えられた信号と同じ周波数の信号を出力する.すなわち,電圧制御発振回路の発振周波数 f_{vco} は

$$f_{vco} = f_{carrier} + \frac{m_{FM}}{2\pi}\sin(2\pi f_{signal}t) \tag{10.44}$$

となる.この式と式 (10.28) との比較から,$f_{carrier}$ と f_{free} が等しいとすれば,電圧制御発振回路の制御電圧 $V_C(t)$ は

$$V_C(t) = \frac{m_{FM}\sin(2\pi f_{signal}t)}{K_{vco}} \propto S_{org} \tag{10.45}$$

となり,変調波から信号波を復調することができる.

■ 例題 10.6
f_{signal} が 15 kHz,変調指数 m_{FM} が 5.0 のとき,最大周波数偏移を求めよ.

【解答】式 (10.42) から最大周波数偏移は 75 kHz となる. ■

位相変調は,**PM 変調** (**Phase Modulation**) とも呼ばれ,搬送波の瞬時位相 $\phi_{inst}(t)$ を信号波により変化させる方式である.すなわち,信号波 $S_{signal}(t)$ により $\phi_{inst}(t)$ は

$$\phi_{inst}(t) = 2\pi f_{carrier}t + m_{PM}S_{signal}(t) \tag{10.46}$$

と変化する.ただし,m_{PM} は変調指数と呼ばれる定数である.瞬時周波数を積分すれば瞬時位相に,瞬時位相を微分すれば瞬時周波数になるので,位相変調された変調波を PLL による復調回路に通し,さらにその出力を積分することにより復調することができる.

周波数シンセサイザ 変調波の復調以外に,PLL は希望の周波数を発生することができる**周波数シンセサイザ**の構成に応用することができる.図 10.12 に示した基本的な PLL は入力周波数と同じ周波数の信号を出力するので,PLL の入力並びに電圧制御発振回路と位相比較回路の間に分周回路を挿入することにより様々な周波数の信号を出力することができる.

周波数シンセサイザの構成を図 10.16 に示す.入力信号が加えられている分周回路が入力信号周波数 f_{in} を $1/M_f$ 倍し,電圧制御発振回路の出力に接続さ

れた分周回路が信号周波数を $1/N_f$ 倍すると，PLL の性質から電圧制御発振回路の発振周波数 f_{vco} は

$$f_{vco} = \frac{N_f}{M_f} f_{in} \tag{10.47}$$

となる．f_{in} を適切に選び，M_f や N_f を変えることで様々な周波数成分の信号を出力することができる．

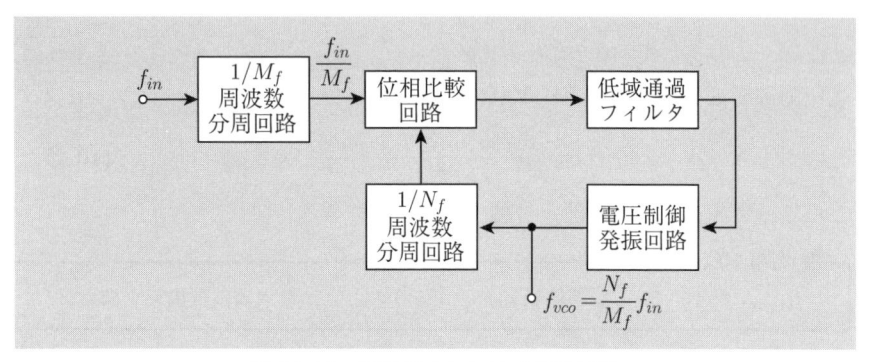

図 10.16　周波数シンセサイザの原理

10 章 の 問 題

□ **1** 図 10.17(a) はハートレー発振回路と呼ばれる MOS トランジスタを用いた正弦波発振回路である．ただし，MOS トランジスタをバイアスするための回路は省略している．図 10.17(b) の MOS トランジスタの小信号モデルを用いて，この発振回路の周波数条件と電力条件を求めよ．

□ **2** 図 10.18 はリングオシレータで用いられる逆相増幅回路を示している．V_{in} が V_{DD} に等しいとき，MOS トランジスタ M_p のドレイン電流が零となり，MOS トランジスタ M_n のドレイン電流だけが流れ，一方，V_{in} が 0 V に等しいとき，MOS トランジスタ M_n のドレイン電流が零となり，MOS トランジスタ M_p のドレイン電流だけが流れるものとし，V_{in} がこれら以外の値のときは 2 個の MOS トランジスタのドレイン電流は零となるものとする．このとき，V_{DD} を 3.0 V，I_{ctrl} を 15 μA，C_p を 25 fF，リングオシレータで用いられる逆相増幅回路の数を 5 とし，図 10.18 の逆相増幅回路を用いて構成したリングオシレータの発振周波数を求めよ．

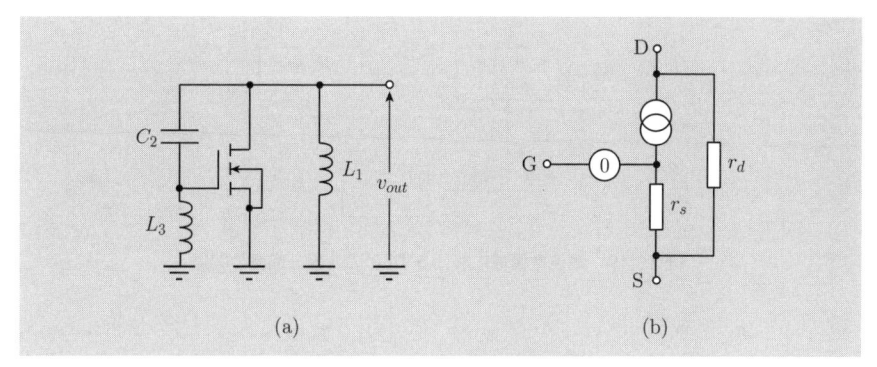

図 10.17 ハートレー発振回路

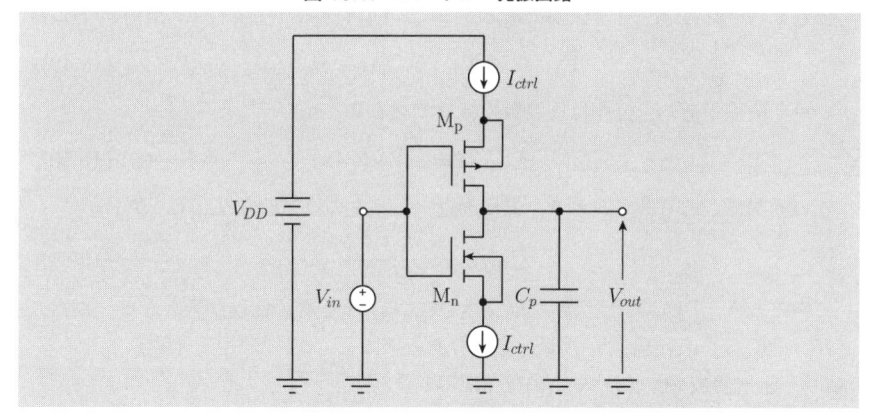

図 10.18 MOS トランジスタを用いた逆相増幅回路

☐ **3** 図 10.13 の乗算回路の特性を表す式 (10.24) を導出したい．以下の問に答えよ．ただし，バイポーラトランジスタのモデルとして，図 3.14(b) を用い，r_e は

$$r_e = \frac{kT}{qI_E} \tag{10.48}$$

であるとし，この式において k はボルツマン定数，q は単位電荷，T は絶対温度，I_E は各トランジスタのエミッタ電流である．
(1) I_{C5} と I_{C6} を V_{in} と k, q, T, I_{EE} を用いて表せ．
(2) I_{C1} から I_{C4} を V_{vco} と k, q, T, I_{C5}, I_{C6} を用いて表せ．
(3) (1) と (2) で求めた結果から，式 (10.24) を導出せよ．

☐ **4** PLL の入力信号周波数と電圧制御発振回路の出力信号周波数が近い値のとき，PLL の出力信号位相などの振る舞いを図 10.19 を用いて表すことができる．ただ

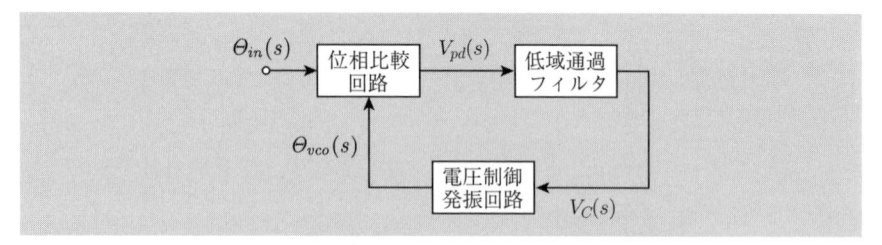

図 10.19 周波数領域における PLL の各部分回路の関係

し，$s = j\omega$ であり，$\Theta_{in}(s)$ と $\Theta_{vco}(s)$，$V_{pd}(s)$，$V_C(s)$ は入力信号の位相と電圧制御発振回路の出力信号の位相，位相比較回路の出力信号，低域通過フィルタの出力信号それぞれのフーリエ変換である．また，$\Theta_{in}(s)$ と $\Theta_{vco}(s)$，$V_{pd}(s)$ の間には

$$V_{pd}(s) = K_{pd}\{\Theta_{in}(s) - \Theta_{vco}(s)\} \tag{10.49}$$

という関係があり，位相は周波数の積分であることから

$$\Theta_{vco}(s) = \frac{K_{vco}}{s} V_C(s) \tag{10.50}$$

という関係がある．このとき，低域通過フィルタの伝達関数 $T_{lpf}(s)$ が

$$T_{lpf}(s) = \frac{b_0 s + b_1}{s + a_1} \tag{10.51}$$

であるとき，PLL の伝達関数 $\Theta_{vco}(s)/\Theta_{in}(s)$ は 2 次の伝達関数となる．ただし，K_{pd}, K_{vco}, a_1, b_0, b_1 は正の定数である．

(1) 伝達関数 $\Theta_{vco}(s)/\Theta_{in}(s)$ を求めよ．
(2) $K_{pd} = 0.15\,[\text{V·rad}^{-1}]$, $K_{vco} = 6.3 \times 10^7\,[\text{rad·V}^{-1}\text{·s}^{-1}]$, $a_1 = b_1 = 1100\,[\text{s}^{-1}]$, $b_0 = 0.022$ のとき (1) で求めた伝達関数のクォリティファクタ Q を求めよ．
(3) $b_0 = 0$ とし，それ以外は (2) と同じ値であるとき，(1) で求めた伝達関数のクォリティファクタ Q を求めよ．

☐ **5** 振幅変調された変調波 $V_{AM}(t)$ を

$$V_{AM}(t) = K_{AM}(V_c + S_{signal})\cos(2\pi f_{carrier} t + \theta_{carrier}) \tag{10.52}$$

として送信すれば，搬送波周波数も送ることでき，2 乗ループ回路は不要となる．信号波 S_{signal} が $V_{signal}\cos(2\pi f_{signal} t)$ という正弦波であるとして，変調波 V_{AM} を入力抵抗の値が R_L である回路で受信したとき，搬送波周波数を送るための電力 $P_{carrier}$ と信号波の電力 P_{signal} を求めよ．ただし，$K_{AM} = 1.0$, $V_c = 10\,[\mu\text{V}]$, $V_{signal} = 100\,[\mu\text{V}]$, $R_L = 50\,[\Omega]$ とする．

問題略解

第1章

1 図 1.9(a) の合成抵抗は $R_1R_2/(R_1+R_2)$, 図 1.9(b) は $R_1R_2R_3/(R_1R_2+R_2R_3+R_3R_1)$ となる.

2 図 1.10(a) の回路では $V = E + RI$ より 7.0 V, 図 1.10(b) では $V = E$ より 1.0 V となる.

3 キルヒホッフの電流則から節点 A から流れ出る電流の総和は零であるので
$$G_1(V_0 - V_1) + G_2(V_0 - V_2) + \cdots + G_n(V_0 - V_n) = 0$$
が成り立つ. この式を v_0 について解くと
$$v_0 = \frac{G_1V_1 + G_2V_2 + \cdots + G_nV_n}{G_1 + G_2 + \cdots + G_n}$$
となる. この関係式は**ミルマンの定理**と呼ばれ, 素子が抵抗の場合だけでなく, 容量やインダクタを含む場合もコンダクタンス G_i をそれぞれの素子のアドミタンスに置き換えられることにより成り立つ.

4 $V_{out} = (1/\sqrt{2}) + j(1/\sqrt{2}) = e^{j\pi/4}$ [V] より振幅は $\sqrt{2}$ V である. また, $V_{in} = 1$ [V] なので V_{in} の位相が 0 rad であることから V_{out} の位相の V_{in} に対する位相は $\pi/4$ rad となる. さらに, V_{out} が $V_{out} = \sqrt{2}j\{(1/\sqrt{2}) + j(1/\sqrt{2})\} = -1 + j$ [V] のときは $V_{out} = \sqrt{2}e^{j3\pi/4}$ より振幅は 2 V, V_{in} に対する位相は $3\pi/4$ となる.

5 $j\omega C$ の単位は S, $j\omega L$ の単位は Ω である. 重さ 1 g と長さ 1 m を加算できないのと同様に, 単位の異なる物理量を加算するという式は計算しなくても誤りであることがわかる.

6 出力電圧の周波数が 1.0 kHz であるので $\omega = 2000\pi$ である. したがって, 出力電圧は約 $1.0 + j = \sqrt{2}e^{j\pi/4}$ [V] となる. このことから振幅は約 2.0 V, 位相は $\pi/4$, すなわち, 45 度となる.

第2章

1 たとえば,図 A.1 の回路では,ナレータの性質から節点 A の電位は 0 V なので,$I_1 = V_1/R_1$ となる.また,ナレータには電流が流れないので $I_1 = I_2$ でなければならないが,抵抗 R_2 の片端は開放されているため,$I_2 = 0$ でなければならない.したがって,$V_1 = 0\,[\text{V}]$ のとき以外は矛盾が生じる.

図 A.1 のナレータをノレータに置き換えると,ノレータの両端の電位差は任意であるため電流 I_1 が定まらない.

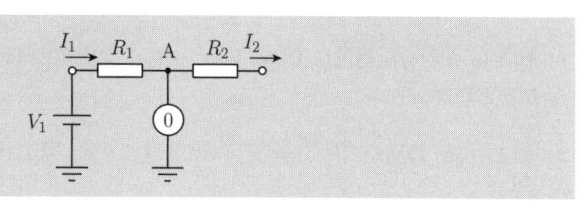

図 A.1 ナレータ 1 個と抵抗からなる回路

2 ナレータの性質から抵抗 R_3 に加わる電圧が V_{in} なので,抵抗 R_3 には V_{in}/R_3 という電流が流れる.この電流は R_2 にも流れるので,ノレータの両端の電位差は $(R_2 + R_3)V_{in}/R_3$ となる.ナレータには電流が流れないので,I_{in} が $I_{in} = \{V_{in} - (R_2 + R_3)V_{in}/R_3\}/R_1$ であることがわかる.この式から $V_{in}/I_{in} = -R_1 R_3/R_2$ となる.

3 $V_{in}/I_{in} = j\omega C R_1 R_3 R_4/R_2$ となる.

4 $V_{out}/V_{in} = (-1 + j\omega C R)/(1 + j\omega C R)$ となる.したがって,$|V_{out}/V_{in}|=1$ である.

5 $V_{out}/V_{in} = 2/(j\omega C R)$ となる.

第3章

1 逆方向飽和電流は約 1.8 fA となる.また,順方向に 0.10 mA の電流が流れたときに pn 接合ダイオードに加えた電圧は約 0.64 V となる.

2 $\alpha = (I_E - I_B)/I_E$ より 0.98 となる.$\beta = (I_E - I_B)/I_B$ より 49 となる.

3 $V_{GS} = 0.20\,[\text{V}]$ のとき $V_{GS} < V_T$ なのでドレイン電流は常に零である.また,

$V_{GS} = 0.70\,[\mathrm{V}]$ と $V_{GS} = 1.0\,[\mathrm{V}]$ のときは V_{DS} が $V_{GS} - V_T$ に等しくなったところを境に非飽和領域と飽和領域が切り替わるので,図示すると,それぞれは図 A.2(a) と (b) となる.

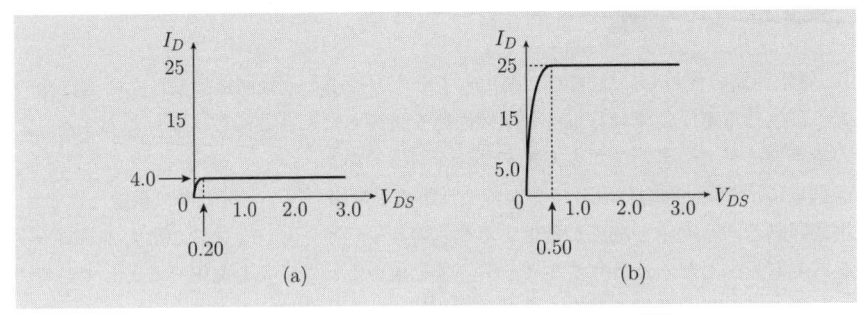

図 A.2 ドレイン・ソース間電圧とドレイン電流の関係

4 式 (3.13) で表されるドレイン電流 I_D はゲート・ソース間電圧 V_{GS} とドレイン・ソース間電圧 V_{DS} の関数になっているので,式 (3.38) に倣って i_d を表すと

$$\begin{aligned}
i_d &= \frac{\partial I_D}{\partial V_{GS}} v_{gs} + \frac{\partial I_D}{\partial V_{DS}} v_{ds} \\
&= 2K(V_{GS} - V_T)(1 + \lambda V_{DS}) v_{gs} + \frac{1}{\lambda K(V_{GS} - V_T)^2} v_{ds} \\
&= 2\sqrt{KI_D(1 + \lambda V_{DS})} v_{gs} + \frac{\lambda I_D}{1 + \lambda V_{DS}} v_{ds}
\end{aligned} \quad (1)$$

となる.ただし,変数が V_{GS} と V_{DS} の 2 個であるので,全微分でなく,偏微分を用いている.また,$\lambda V_{DS} \ll 1$ が成り立つときは

$$i_d = 2\sqrt{KI_D} v_{gs} + \frac{1}{\lambda I_D}$$

となる.

式 (1) から導かれる小信号モデルは図 A.3 となる.ただし,$g_m = 2\sqrt{KI_D(1 + \lambda V_{DS})}$,$r_d = (1 + \lambda V_{DS})/(\lambda I_D)$ である.

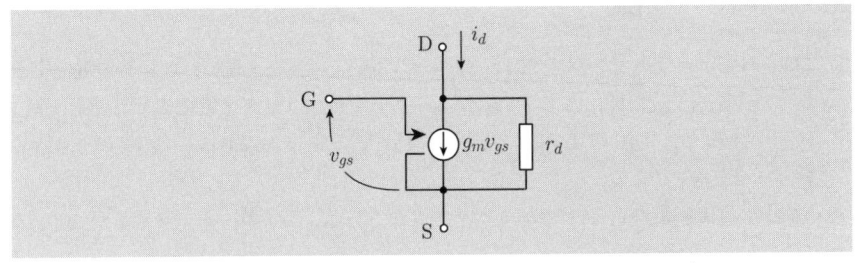

図 A.3 式 (3.13) に基づいた MOS トランジスタの小信号モデル

5 バイポーラトランジスタ Tr_2 のベース電流を i_{b2} とすると, i_c は $i_c = \beta i_b + \beta i_{b2}$ である. また, i_{b2} は $i_{b2} = (1+\beta)i_b$ なので, $i_c/i_b = 1 + \beta + \beta^2$ となる.

第4章

1 増幅回路の代わりに1個の2端子素子を入力端子と接地間に接続したとき, その素子に生じる電圧と流れる電流が増幅回路を接続したときと同じになったとする. この素子のインピーダンスが入力インピーダンスである.

同様に, 増幅回路の代わりに1個の2端子素子を出力端子と接地間に接続したとき, 増幅回路と同じ電圧と電流が発生するときの素子のインピーダンスが出力インピーダンスである. ただし, 出力インピーダンスを求めるときに入力電圧を零としているので, 出力インピーダンスは第1章の図1.6(b)の Z_f に相当する.

2 $r_s = 1/g_m \simeq 3.3\,[\mathrm{k}\Omega]$ より, ゲート接地増幅回路の電圧利得 A_v は 6.0 倍, 電流利得は約 0.86 倍となる. また, ドレイン接地増幅回路の電圧利得 A_v は約 0.86 倍, 電流利得は約 1.6 倍となる.

3 ベース接地増幅回路の電圧利得 A_v は約 36 倍, 電流利得は約 0.95 倍となる. また, コレクタ接地増幅回路の電圧利得 A_v は約 0.97 倍, 電流利得は約 1.7 倍となる.

4 (1) $V_G = 1.4\,[\mathrm{V}]$, $V_S = 0.40\,[\mathrm{V}]$.
(2) $R_L = 32\,[\mathrm{k}\Omega]$.
(3) $A_v = -3.2$ 倍.

5 (1) $V_B = 1.1\,[\mathrm{V}]$.
(2) $R_E = 4.0\,[\mathrm{k}\Omega]$.
(3) $A_v \simeq -25$ 倍.

第5章

1 (1) バイポーラトランジスタ Tr_1 のベース電位, エミッタ電位, コレクタ電位をそれぞれ V_{B1}, V_{E1}, V_{C1} とし, Tr_2 のエミッタ電位, コレクタ電位をそれぞれ V_{E2}, V_{C2} とすると, $V_{B1} = 1.7\,[\mathrm{V}]$, $V_{E1} = 1.0\,[\mathrm{V}]$, $V_{C1} = 2.0\,[\mathrm{V}]$, $V_{E2} = 1.3\,[\mathrm{V}]$, $V_{C2} = 2.5\,[\mathrm{V}]$ となる.

(2) (1)の直流解析から Tr_1 のエミッタ電流が $50\,\mu\mathrm{A}$, Tr_2 のエミッタ電流が $100\,\mu\mathrm{A}$

問題略解　　　　**175**

であることがわかる．したがって，$r_{e1} = 520\,[\Omega]$，$r_{e2} = 260\,[\Omega]$ である．これらの値を用いると，A_v は約 260 倍となる．

2 (1)　バイポーラトランジスタ Tr_1 のベース電位，エミッタ電位，コレクタ電位をそれぞれ V_{B1}，V_{E1}，V_{C1} とし，Tr_2 のエミッタ電位とコレクタ電位をそれぞれ V_{E2}，V_{C2}，Tr_3 のエミッタ電位を V_{E3} とすると，$V_{B1} = 1.7\,[V]$，$V_{E1} = 1.0\,[V]$，$V_{C1} = 2.0\,[V]$，$V_{E2} = 0.60\,[V]$，$V_{C2} = 2.5\,[V]$，$V_{E3} = 1.3\,[V]$ となる

(2)　(1) の直流解析から Tr_1 と Tr_2 のエミッタ電流は**問題 1** と等しく，Tr_3 のエミッタ電流は $100\,\mu A$ となる．したがって，$r_{e1} = 520\,[\Omega]$，$r_{e2} = 260\,[\Omega]$ $r_{e3} = 260\,[\Omega]$ である．これらの値を用いると，A_v は約 580 倍となる．

3 (1)　MOS トランジスタ M_1 と M_2 のゲート電位，ソース電位，ドレイン電位は等しく，それぞれ $0\,V$，$-1.0\,V$，$0.50\,V$ となる

(2)　(1) の直流解析から M_1 と M_2 のドレイン電流は $25\,\mu A$ となり，g_m は $100\,\mu S$ となる．これらの値を用いると，差動電圧利得 A_d は -2.0 倍となる．

(3)　(2) と同様に，同相電圧利得 A_c は約 -0.67 倍となる．

(4)　(2) と (3) の結果から同相除去比 $CMRR$ は 3.0 倍となる．

4 (1)　$R_3 = 2.0\,[k\Omega]$．

(2)　図 A.4 となる．

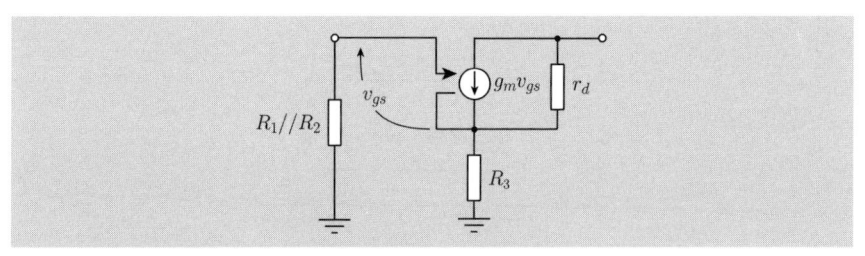

図 A.4　図 5.14 の小信号モデル

(3)　$g_m = 400\,[\mu S]$，$r_d \simeq 670\,[k\Omega]$ となり，電流 I_{SS} が流れ込む端子から見たインピーダンスが $r_d + R_3 + g_m r_d R_3$ なので約 $1.2\,M\Omega$ となる．

5　差動電圧利得は**問題 3** と同じ -2.0 倍のままである．同相電圧利得は式 (5.20) の R_{SS} に**問題 4**(3) で求めた値を代入することにより -8.3×10^{-3} 倍となる．したがって，$CMRR \simeq 240$ 倍となる．

第6章

1 図 6.8(a) において

$$v_{b'e} = \frac{i_b}{j\omega(C_C + C_\pi) + \frac{1}{r_\pi}}$$

$$i_c = (g_m - j\omega C_C)v_{b'e}$$

であるので i_c/i_b は

$$\frac{i_c}{i_b} = \frac{(g_m - j\omega C_C)r_\pi}{j\omega(C_C + C_\pi)r_\pi + 1}$$

となる．これより，$|i_c/i_b| = 1$ となる遷移周波数 f_T は

$$f_T = \frac{1}{2\pi r_\pi}\sqrt{\frac{g_m^2 r_\pi^2 - 1}{C_\pi(2C_C + C_\pi)}}$$

となる．

図 6.8(b) において，ゲート端子電位を v_g とすると，v_g は

$$v_g = \frac{i_g}{j\omega(C_{GS} + C_{GD})}$$

であり，i_d は

$$i_d = \left(\frac{1}{r_s} - j\omega C_{GD}\right)v_g$$

であるので i_d/i_g は

$$\frac{i_c}{i_b} = \frac{1 - j\omega C_{GD}r_s}{j\omega(C_{GS} + C_{GD})r_s}$$

となる．これより，$|i_d/i_c| = 1$ となる遷移周波数 f_T は

$$f_T = \frac{1}{2\pi r_s}\sqrt{\frac{1}{C_{GS}(C_{GS} + 2C_{GD})}}$$

となる．

2 キルヒホッフの法則より

$$\begin{bmatrix} \frac{1}{r_b} + \frac{1}{r_\pi} + j\omega(C_C + C_\pi) & -j\omega C_C \\ g_m - j\omega C_C & \frac{1}{R_L} + j\omega C_C \end{bmatrix} \begin{bmatrix} v_{b'e} \\ v_{out} \end{bmatrix} = \begin{bmatrix} \frac{1}{r_b}v_{b'e} \\ 0 \end{bmatrix}$$

が成り立つ．この式から A_v は

問 題 略 解　　　　　　　　　　　　177

$$A_v = \frac{v_{out}}{v_{in}} = \frac{-(g_m - j\omega C_C)R_L r_\pi}{D(j\omega)}$$

となる. ただし, $D(j\omega)$ は

$$D(j\omega) = r_b + r_\pi + j\omega\{(C_C + C_\pi)r_b r_\pi + C_C(r_b + r_\pi)R_L + C_C g_m R_L r_b r_\pi\} + (j\omega)^2 C_C C_\pi R_L r_b r_\pi$$

である.

3　各素子値からベース電位が 1.3 V, エミッタ電位が 0.60 V, コレクタ電位が 2.2 V となる. また, エミッタ電流が 100 μA なので $r_e = 260\,[\Omega]$ となり, $g_m \simeq 3.8\,[\mathrm{mS}]$, $r_\pi = 13000\,[\mathrm{k}\Omega]$ となる. これらと式 (6.14) から中域利得は −28 倍となる. さらに, 式 (6.5) から C_1 は約 16 nF, 式 (6.15) から C_π は 260 fF となる.

4　(1)　$V_{GS} - V_T = V_{DS}$ となるときが MOS トランジスタの動作領域が切り替わるときである. $V_{GS} - V_T = 0.30\,[\mathrm{V}]$ であり, $I_D = 45\,[\mu\mathrm{A}]$ なので $R_L = 40\,[\mathrm{k}\Omega]$ となる.

(2)　ミラー効果を適用するための近似を用いて導出した図 6.9 の小信号モデルが図 A.5 である. ただし, C_1 の値は十分大きいとして短絡し, また, $C_t = C_{GS} + C_{GD}(1 + R_L/r_s) = 170\,[\mathrm{fF}]$ である. この図から $A_v = v_{out}/v_{in}$ が

$$A_v = \frac{-R_L R_1 R_2}{\{1 + j\omega C_t(\rho//R_1//R_2)\}(\rho R_1 + R_1 R_2 + R_2 \rho)r_s}$$

となるので, 中域利得が −3.9 倍, 高域遮断周波数が約 72 MHz となる.

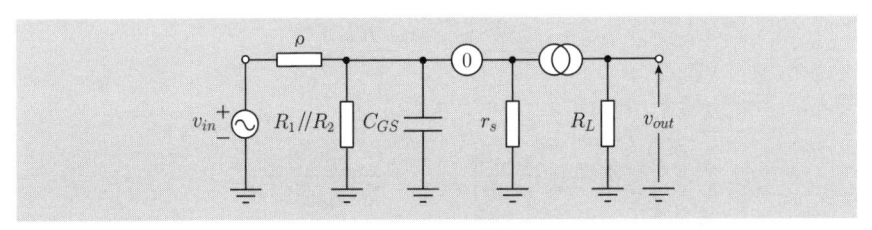

図 A.5 図 6.9 の小信号モデル

(3)　(2) と同様に解析すると, C_t が 140 fF となるので, 中域利得が −1.9 倍, 高域遮断周波数が約 88 MHz となる.

5　各素子値からゲート電位が 1.7 V, ソース電位が 0.90 V となり, ドレイン電流が 45 μA である. したがって, $r_s = 1/g_m \simeq 3.3\,[\mathrm{k}\Omega]$ となる. また, 図 6.10 の高周波ドレイン接地増幅回路に図 6.4 の MOS トランジスタ高周波小信号モデルを用いると, A_v は

$$A_v = \frac{j\omega C_{GS} + \frac{1}{r_s}}{j\omega(C_{GS} + C_L) + \frac{1}{r_s} + \frac{1}{R_L}}$$

である．この式から

$$\frac{C_{GS}}{C_{GS} + C_L} = \frac{\frac{1}{r_s}}{\frac{1}{r_s} + \frac{1}{R_L}}$$

が成り立つとき，A_v は信号周波数に依存しない．したがって，C_L は約 17 fF となる．さらに，このときの A_v は約 0.86 倍となる．

第7章

1 増幅部に用いた増幅回路の中域利得 A_0 が 200 倍，減衰部の利得 H が 0.045 倍，負帰還増幅回路の高域遮断周波数 f_{fb-ch} が 100 kHz となる．

2 $v_i = v_{in} - Hv_{out}$, $v_{out} = KR_L v_i/(R_L + Z_o)$ より電圧利得 A_v は

$$A_v = \frac{v_{out}}{v_{in}} = \frac{\frac{KR_L}{R_L + Z_o}}{1 + \frac{KR_L}{R_L + Z_o}H} \tag{2}$$

となる．また，$i_{in} = (v_{in} - Hv_{out})/Z_i$ であるので入力インピーダンス Z_{in} は

$$Z_{in} = \frac{v_{in}}{i_{in}} = Z_i \left(1 + \frac{KR_L}{R_L + Z_o}H\right)$$

となる．さらに，$v_{in} = 0$ のとき，$v_i = -Hv_{out}$ なので $-i_{out}$ は

$$-i_{out} = \left(\frac{1}{R_L} + \frac{1 + KH}{Z_o}\right)v_{out}$$

となる．したがって，出力インピーダンス Z_{out} は

$$Z_{out} = \left.\frac{v_{out}}{-i_{out}}\right|_{v_{in}=0} = \frac{\frac{R_L Z_o}{R_L + Z_o}}{1 + \frac{KR_L}{R_L + Z_o}H}$$

となる．

抵抗 R_L の影響まで考慮すると，増幅部の利得 A は $A = KR_L/(R_L + Z_o)$ なので，式 (2) は式 (7.4) に等しい．さらに，入力インピーダンスは直列接続なので $1 + AH$ 倍，出力インピーダンスは並列接続なので $1/(1 + AH)$ 倍となっている．

3 直流解析を行うと，ゲート電位が 1.5 V，ソース電位が 0.90 V，ドレイン電位が 2.0 V となる．このとき，MOS トランジスタの小信号モデルにおける伝達コンダクタンス g_m は 300 μS である．図 7.11 の負帰還増幅回路の小信号モデルを描き，電圧利

得 A_v, 入力インピーダンス Z_{in}, 出力インピーダンス Z_{out} を求めると，それぞれは

$$A_v = \frac{v_{out}}{v_{in}} = \frac{1 - g_m R_F}{1 + g_m \rho + \frac{\rho}{R_1 // R_2} + \frac{1}{R_L}\left(\rho + R_F + \frac{\rho R_F}{R_1 // R_2}\right)}$$

$$\simeq -1.7 \text{ 倍}$$

$$Z_{in} = \frac{v_{in}}{i_{in}} = \rho + \left\{ R_1 // R_2 // \left(\frac{R_L + R_F}{1 + g_m R_L}\right) \right\} \simeq 31 \text{ [k}\Omega\text{]}$$

$$Z_{out} = R_L // \frac{R_F + \rho + \frac{\rho R_F}{R_1 // R_2}}{1 + g_m \rho + \frac{\rho}{R_1 // R_2}} \simeq 11 \text{ [k}\Omega\text{]}$$

となる．

4 L_1 と θ_1, L_3 と θ_1, L_3 と θ_2 が回路が安定となる組み合わせである．

5 V_{out}/V_{in} は

$$\frac{V_{out}}{V_{in}} = \frac{-R_1 A_{d0} f_c}{(R_1 + R_2)(f_c + jf) + R_2 A_{d0} f_c}$$

となる．この式から，図 7.13 の逆相増幅回路の直流利得 G_0 と帯域幅 f_c' はそれぞれ

$$G_0 = \frac{-R_1 A_{d0} f_c}{(R_1 + R_2) f_c + R_2 A_{d0} f_c}$$

$$f_c' = \left(1 + \frac{R_2}{R_1 + R_2} A_{d0}\right) f_c$$

であることがわかる．したがって，これらの積は

$$G_0 f_c' = \frac{-R_1 A_{d0} f_c}{R_1 + R_2}$$

となる．

第8章

1 図 8.3 から MOS トランジスタで消費される電力 $P_{transitor}$ はドレイン電流 I_D が

$$I_D = \frac{V_{DD}}{2R_L} + k\frac{V_{DD}}{2R_L} \sin(\omega t + \theta)$$

であり，ドレイン・ソース間電圧 V_{DS} が

$$V_{DS} = \frac{V_{DD}}{2} - k\frac{V_{DD}}{2} \sin(\omega t + \theta)$$

であることから

$$P_{transitor} = \frac{1}{T}\int_0^T V_{DS} I_D dt = \frac{V_{DD}^2}{4R_L} - k^2 \frac{V_{DD}^2}{8R_L}$$

となる．ただし，$T = 2\pi/\omega$ である．また，抵抗 R_L に流れる平均電流 I_{rl-av} は $I_{rl-av} = V_{DD}/(2R_L)$ である．したがって，P_{RL} は $P_{RL} = R_L I_{rl-av}^2 = V_{DD}^2/(4R_L)$ となる．

これらの結果から，$P_{supply} = P_{signal} + P_{transitor} + P_{RL}$ が成り立つことがわかる．

2 n は，式 (8.14) から V_{DD} と R_L を用いて
$$n = \sqrt{\frac{2V_{DD}}{R_L I_{zero}}}$$
となる．ただし，I_{zero} は V_{DS} が零のときのドレイン電流である．一方，信号を加えていないときのドレイン電流 I_D は 2 乗則から $I_D = 96\,[\mathrm{mA}]$ となるので，I_{zero} はその 2 倍となる．これらから，n は約 3.6 となる．また，この増幅回路が出力する信号電力の最大値は $V_{DD}^2/(2n^2 R_L)$ なので 0.48 W となる．

3 半周期に電源から供給される電力 $P_{supply1}$ は式 (8.21)，信号電力 $P_{signal1}$ は式 (8.22) である．また，図 8.7 の抵抗 R_L には信号電流だけが流れるので，信号とは無関係に抵抗 R_L で消費される電力 P_{RL} は零である．したがって，2 個のソース接地増幅回路の MOS トランジスタで消費される電力は
$$P_{supply} - P_{signal} = \frac{2kV_{DD}^2}{\pi n^2 R_L} - \frac{k^2 V_{DD}^2}{2n^2 R_L}$$
となるので，$k = 2/\pi$ のとき最大となる．

4 図 8.8 から負荷線の式は
$$I_{Dn} = -\frac{1}{R_L}V_{DSn} + \frac{V_{DD}}{R_L}$$
$$I_{Dp} = -\frac{1}{R_L}V_{DSp} - \frac{V_{DD}}{R_L}$$
となる．これらの式を図に描くと，図 A.6 となる．図 A.6 に示すように，R_L に加わる電圧や電流が正弦波状に変化したとして，信号電力 P_{signal} と電源から供給される電力 P_{supply} を求めると，P_{signal} と P_{supply} それぞれは
$$P_{signal} = \frac{1}{T}\int_0^T \frac{(kV_{DD}\sin\omega t)^2}{R_L} = \frac{k^2 V_{DD}^2}{2R_L}$$
$$P_{supply} = \frac{2}{T}\int_0^{T/2} V_{DD}\frac{kV_{DD}}{R_L}\sin\omega t = \frac{2kV_{DD}^2}{\pi R_L}$$
となる．これらより電力効率 η は
$$\eta = \frac{k\pi}{4}$$
となる．

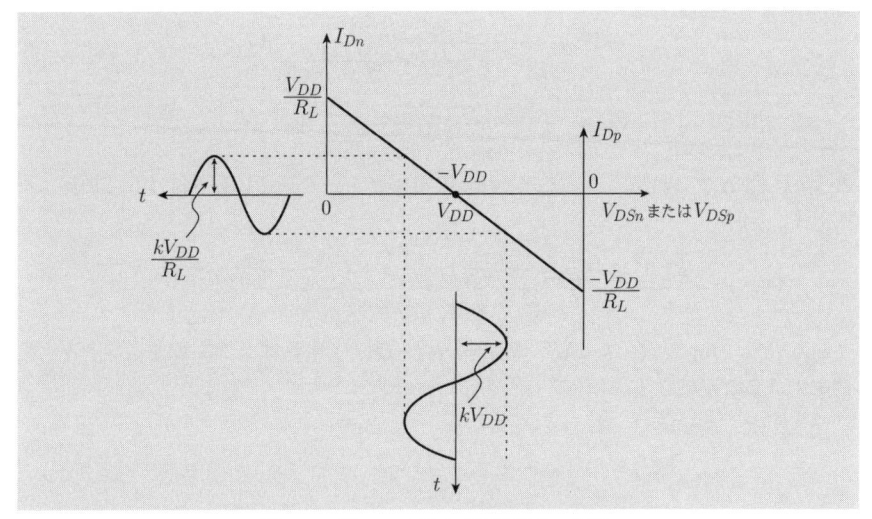

図 A.6　図 8.8 の電力増幅回路の負荷線

第 9 章

1 (1) 伝達関数 V_{out}/V_{in} は

$$\frac{V_{out}}{V_{in}} = \frac{G_1 G_2}{s^2 C_1 C_2 + s(C_1 G_2 + C_2 G_1 + C_2 G_2) + G_1 G_2}$$

となる．

(2) (1) で求めた伝達関数の分母多項式は変数 s についての 2 次式になっているので，その判別式を D とすると，D は

$$\begin{aligned}D &= (C_1 G_2 + C_2 G_1 + C_2 G_2)^2 - 4 G_1 G_2 C_1 C_2 \\ &= (C_1 G_2 - C_2 G_1)^2 + 2(C_1 G_2 + C_2 G_1) C_2 G_2 + C_2^2 G_2^2\end{aligned}$$

となる．素子値はすべて正であるので，判別式 D も正である．したがって，分母多項式を s について解くと，実数解を持つのでクォリティファクタ Q は 0.5 未満である．

2 たとえば，簡単のため $R_2 = R_3$，$R_5 = R_6$ とすれば図 9.10 の V_{bp} と $-V_{out}$ はそれぞれ

$$-V_{out} = \frac{\frac{-1}{C_1 C_2 R_2 R_4}}{s^2 + \frac{1}{C_1 R_1} s + \frac{1}{C_1 C_2 R_2 R_4}} V_{in}$$

$$V_{bp} = \frac{\frac{-1}{C_1 R_2} s}{s^2 + \frac{1}{C_1 R_1} s + \frac{1}{C_1 C_2 R_2 R_4}} V_{in}$$

となる．図 A.7 の回路によって，これらの電圧と V_{in} を適切に重み付けして加算した出力 V_{hp} は

$$V_{hp} = \frac{-\frac{R_0}{R_{01}} s^2 + \left(\frac{R_0 R_1}{R_{02} R_2} - \frac{R_0}{R_{01}}\right) \frac{1}{C_1 R_1} s + \left(\frac{R_0}{R_{03}} - \frac{R_0}{R_{01}}\right) \frac{1}{C_1 C_2 R_2 R_4}}{s^2 + \frac{1}{C_1 R_1} s + \frac{1}{C_1 C_2 R_2 R_4}} V_{in}$$

となるので，$R_0 = R_{01} = R_{03}$，$R_{02} = R_1 R_0 / R_2$ とすれば 2 次高域通過フィルタを構成することができる．

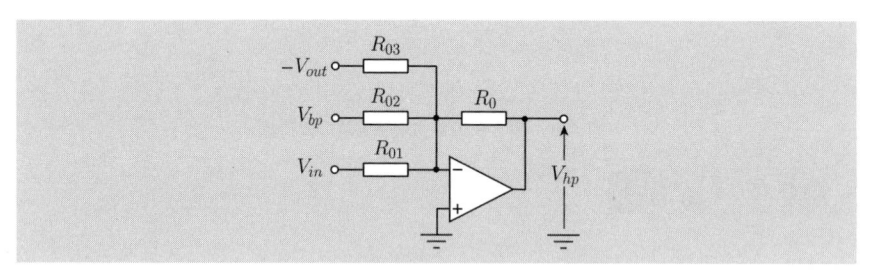

図 A.7　2 次高域通過フィルタの加算部

3 図 9.10 の状態変数型 2 次低域通過フィルタにおいて直流電圧利得を表す定数 K だけを 2 倍にするには，たとえば，抵抗 R_4 の値を 1/2 倍し，抵抗 R_5 の値を 2 倍すればよい．また，図 9.11 の 2 次低域通過フィルタにおいて直流電圧利得を表す定数 K だけを 1/2 倍にするには，テブナンの定理を応用して，抵抗 R_1 の値を 2 倍し，同じ値の抵抗を抵抗 R_1 と R_2，容量 C_1 が接続されている節点と接地間に接続すればよい．

4　(1)　$K = 1 + G_3/G_4$ とおくと，伝達関数 V_{out}/V_{in} は

$$\frac{V_{out}}{V_{in}} = \frac{\frac{KC_1 G_1}{1-K} s}{s^2 C_1 C_2 + (C_1 G_2 + C_2 G_1 + \frac{C_1 G_1}{1-K}) s + G_1 G_2}$$

となる．

(2)　(1) で求めた伝達関数に $G_1 = G_2$，$C_1 = C_2$ を代入すると，Q は

$$Q = \frac{1-K}{3-2K}$$

となる．したがって，$Q = 1.00$ とするためには $K = 2.00$ とすればよいので，$G_3 = G_4$ となる．

(3) (2) で求めた Q の式から，$K<1$ または $K>3/2$ でなければならないことがわかる．$K=1+G_3/G_4$ なので，$K<1$ とはならない．したがって，$K>3/2$ から $2G_3>G_4$ となる．

5 図 9.17 の回路の伝達関数 V_{out}/V_{in} の分子多項式 $N(s)$ は

$$N(s) = s^2 C_1 C_2 G_6 + s\{(C_1+C_2)G_1 G_6 - C_1 G_2(G_4+G_5)\} \\ + G_1(G_2 G_3 + G_2 G_6 + G_3 G_6)$$

となり，$D(s)$ は

$$D(s) = s^2 C_1 C_2 G_6 + s\{(C_1+C_2)(G_1+G_4)G_6 + C_2 G_3 G_6 - C_1 G_2 G_5\} \\ + G_6(G_2+G_3)(G_1+G_4) - G_2 G_3 G_5$$

となる．これらの式に素子値を代入すると伝達関数は

$$\frac{V_{out}}{V_{in}} = \frac{s^2 - 6.30 \times 10^3 s + 3.95 \times 10^7}{s^2 - 6.30 \times 10^3 s + 3.97 \times 10^7}$$

となる．数値が3桁までで表されているため，伝達関数の分母と分子の定数項の最終桁が異なっているが，ほぼ2次全域通過フィルタの特性となっていることがわかる．さらに，この式から，中心周波数が約 $1.00\,\mathrm{kHz}$，クォリティファクタが約 1.00 となる．

第10章

1 図 A.8 にハートレー発振回路の開ループ利得を求めるための回路を示す．この回路から開ループ利得 AH は

$$AH = \frac{j\omega^3 g_m r_d L_1 C_2 L_3}{r_d\{1-\omega^2 C_2(L_1+L_3)\} + j\omega L_1(1-\omega^2 C_2 L_3)}$$

となる．ただし，$g_m = 1/r_s$ である．この式から周波数条件は

$$1-\omega^2 C_2(L_1+L_3) = 0$$

となり，発振条件は

$$\frac{\omega^2 g_m r_d C_2 L_3}{1-\omega^2 C_2 L_3} = \frac{g_m r_d L_3}{L_1} \geq 1$$

となる．

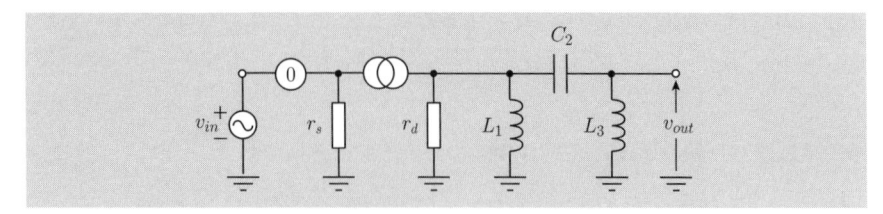

図 A.8 ハートレー発振回路のループ利得を求めるための回路

2 C_p の電圧が 0 V のとき，MOS トランジスタ M_p を介して I_{ctrl} が C_p に流れ込み，その電圧が V_{DD} になるまでの時間 t_{rise} は

$$t_{rise} = \frac{C_p V_{DD}}{I_{ctrl}} = 5.0\,[\text{ns}]$$

となる．同様に，C_p の電圧が V_{DD} のとき，MOS トランジスタ M_n を介して I_{ctrl} が C_p から流れ出し，その電圧が 0 V になるまでの時間 t_{fall} も 5.0 ns である．t_{rise} と t_{fall} が式 (10.23) の t_{inv} であるので，発振周波数 f_{osc} は

$$f_{osc} = \frac{1}{2 \times 5 t_{rise}} = 20\,[\text{MHz}]$$

となる．

3 (1) I_{C5} と I_{C6} は

$$I_{C5} = \frac{I_{EE}}{2} + \frac{qI_{EE}}{4kT}V_{in}$$

$$I_{C6} = \frac{I_{EE}}{2} - \frac{qI_{EE}}{4kT}V_{in}$$

となる．

(2) I_{C1} から I_{C4} はそれぞれ

$$I_{C1} = \frac{I_{C5}}{2} + \frac{qI_{C5}}{4kT}V_{vco}$$

$$I_{C2} = \frac{I_{C5}}{2} - \frac{qI_{C5}}{4kT}V_{vco}$$

$$I_{C3} = \frac{I_{C6}}{2} - \frac{qI_{C6}}{4kT}V_{vco}$$

$$I_{C4} = \frac{I_{C6}}{2} + \frac{qI_{C6}}{4kT}V_{vco}$$

となる．

(3) V_{pd} は

$$V_{pd} = -R_L(I_{C_1} + I_{C3} - I_{C2} - I_{C4})$$

であるので，この式に (1) と (2) で得られた式を代入すると，式 (10.24) が得られる．

4 (1) $V_C(s)$ は $V_C(s) = bV_{pd}(b_0 s + b_1)/(s + a_1)$ より $\Theta_{vco}(s)$ は

$$\Theta_{vco}(s) = \frac{K_{vco}}{s} V_C(s) = \frac{K_{vco}}{s} \times \frac{b_0 s + b_1}{s + a_1} V_{pd}(s)$$
$$= \frac{K_{vco} K_{pd}(b_0 s + b_1)}{s(s + a_1)} \{\Theta_{in}(s) - \Theta_{vco}(s)\}$$

となる．したがって，PLL の伝達関数 $\Theta_{vco}(s)/\Theta_{in}(s)$ を

$$\frac{\Theta_{vco}(s)}{\Theta_{in}(s)} = \frac{K_{vco} K_{pd}(b_0 s + b_1)}{s^2 + (a_1 + K_{vco} K_{pd} b_0)s + K_{vco} K_{pd} b_1}$$

と求めることができる．

(2) (1) で求めた伝達関数からクォリティファクタ Q は

$$Q = \frac{\sqrt{K_{vco} K_{pd} b_1}}{a_1 + K_{vco} K_{pd} b_0}$$

となる．これに数値を代入すると，$Q \simeq 0.49$ となる．

(3) $b_0 = 0$ の場合は，$Q \simeq 93$ となる．

5 S_{signal} が $V_{signal} \cos(2\pi f_{signal} t)$ であるとき，式 (10.52) は

$$V_{AM}(t) = K_{AM}(V_c + S_{signal}) \cos(2\pi f_{carrier} t + \theta_{carrier})$$
$$= K_{AM} V_c \cos(2\pi f_{carrier} t + \theta_{carrier})$$
$$+ \frac{K_{AM}}{2} V_{signal} \cos\{2\pi (f_{singal} + f_{carrier})t + \theta_{carrier}\}$$
$$+ \frac{K_{AM}}{2} V_{signal} \cos\{2\pi (f_{singal} - f_{carrier})t + \theta_{carrier}\}$$

となる．第 1 項の電圧が R_L の値の抵抗に加わって生じる電力が搬送波電力 $P_{carrier}$ であり，第 2 項と第 3 項の電圧が R_L の値の抵抗に加わって生じる電力が信号電力 P_{signal} であるので，$P_{carrier}$ と P_{signal} はそれぞれ

$$P_{carrier} = \frac{\left(\frac{K_{AM} V_c}{\sqrt{2}}\right)^2}{R_L} = \frac{K_{AM}^2 V_c^2}{2 R_L} = 1.0\,[\text{pW}]$$

$$P_{signal} = \frac{\left(\frac{K_{AM} V_{signal}}{2\sqrt{2}}\right)^2}{R_L} \times 2 = \frac{K_{AM}^2 V_{signal}^2}{4 R_L} = 50\,[\text{pW}]$$

となる．

参考文献

- [1] 髙木茂孝：アナログ電子回路 [初めて学ぶ人のために] (培風館, 2008)
- [2] 藤井信生：アナログ電子回路－集積回路化時代の－ (昭晃堂, 1984)
- [3] 柳沢 健：基礎電子回路 I アナログ編 (丸善, 1978)
- [4] 石橋幸男：アナログ電子回路演習 基礎からの徹底理解 (培風館, 1998)
- [5] 髙木茂孝 編著：アナログ電子回路 (オーム社, 2011)
- [6] 藤井信生, 関根慶太郎, 髙木茂孝, 兵庫 明 編：電子回路ハンドブック (朝倉書店, 2006)
- [7] 髙木茂孝：線形回路理論 (昭晃堂, 2004)
- [8] 浅田邦博, 永田 穰 監訳：システム LSI のためのアナログ集積回路技術 [原書第 4 版] (培風館, 2003)
- [9] 黒田忠広 監訳：アナログ CMOS 集積回路の設計 基礎編 (丸善, 2003)
- [10] 黒田忠広 監訳：アナログ CMOS 集積回路の設計 応用編 (丸善, 2003)
- [11] David A. Johns, Ken Martin：ANALOG INTEGRATED CIRCUIT DESIGN (John Wiley & Sons, 1997)
- [12] M. E. Van Valkenburg：Analog Filter Design (Holt-Saunders, 1982)
- [13] L. T. Bruton：RC-ACTIVE CIRCUITS Theory and Design (Prentice Hall, 1980)
- [14] 柳沢 健 編：PLL(位相同期ループ) 応用回路 (総合電子出版社, 1977)
- [15] 高原幹夫 訳：変調入門 (森北出版, 1985)
- [16] 小林隆夫, 髙木茂孝：ディジタル集積回路入門 (昭晃堂, 2000)

索　引

あ　行

アドミタンス　13
位相差　11
位相同期ループ　160
位相特性　92
位相比較回路　160
位相変調　164
位相余裕　113
インダクタ　2
インダクタンス　3
インピーダンス　13
エミッタ　32
エミッタ接地増幅回路　62
エミッタ接地電流増幅率　33
エミッタ抵抗　47
エミッタフォロワ　70
エンハンスメント型　36
オイラーの公式　12
オームの法則　2

か　行

開ループ利得　105
重ね合わせの理　6, 8
加算回路　24
仮想短絡　21
過渡域　133
緩衝増幅回路　79
基板バイアス効果　38
基本増幅回路　51
逆相増幅回路　22
逆方向バイアス　31
キャパシタンス　2
キャリア　30
ギルバート乗算回路　160
キルヒホッフの法則　5
クォリティファクタ　137
クロスオーバ歪み　130

ゲート　35
ゲート接地増幅回路　52
結合容量　53
高域遮断周波数　93, 132
高域通過フィルタ　132
交流解析　56
コレクタ　32
コレクタ接地増幅回路　62
コンダクタンス　7

さ　行

再結合　33
最大周波数偏移　166
差動増幅回路　81
差動電圧利得　84
差動入力電圧　82
差動半回路　84
差動利得　20
しきい電圧　36
シグナルフローグラフ　135
次数　134
弛張発振回路　157
遮断域　132
遮断域端周波数　133
遮断角周波数　137
遮断周波数　93, 132
縦続接続　74
自由電子　30
周波数シンセサイザ　167
周波数特性　92
周波数分周回路　166
周波数変調　164
出力インピーダンス　53
受動RCフィルタ　133
受動フィルタ　132
順方向バイアス　31
乗算回路　160
小信号　41

小信号モデル　45
状態変数型 2 次区間回路　138
状態変数型構成法　135
状態変数型フィルタ　136
振幅特性　92
振幅変調　164
水晶振動子　154
水晶発振回路　154
正帰還　104
正帰還型能動 RC フィルタ　141
制御電源　45
正孔　30
正相増幅回路　22
節点　5
遷移周波数　100
線形回路　8
線形性　6
線形素子　7
増幅　18
増幅帯域幅　93
ソース　35
ソース接地増幅回路　52
ソースフォロワ　60

た　行

ダーリントン接続　50
帯域通過フィルタ　132
帯域幅　93
大信号　41
大信号モデル　41
多重帰還型構成法　146
単位トランスコンダクタンス係数　38
チャネル　36
チャネル長　36
チャネル長変調係数　38
チャネル長変調効果　38
チャネル幅　36
中域利得　92
中心角周波数　137
直流解析　54
直列接続　107
通過域　132
通過帯域　132
低域遮断周波数　93, 132
低域通過フィルタ　132
抵抗器　2
抵抗値　2
抵抗領域　37

ディプリーション型　36
テブナンの定理　9
電圧源　3
電圧制御電圧源　45
電圧制御電流源　45
電圧制御発振回路　158
電圧則　5
電圧利得　53
電源　3
電源の等価性　9
伝達関数　133
伝達コンダクタンス　45
電流源　3
電流制御電圧源　45
電流制御電流源　45
電流則　5
電流利得　53
電力利得　53
同期　164
動作点　56
同相除去比　85
同相電圧利得　84
同相入力電圧　82
同相半回路　84
トランスコンダクタンス係数　37
トランスコンダクタンスパラメータ　37
ドレイン　35
ドレイン接地増幅回路　52

な　行

ナレータ　21
入力インピーダンス　53
能動 RC フィルタ　132
ノレータ　21

は　行

バイアス点　56
配線　4
バイパス容量　53
バイポーラトランジスタ　30
発振　112, 150
バッファ　79
反転増幅回路　22
反転入力端子　20
非反転増幅回路　22
非反転入力端子　20

索引　　　　　　　　　**189**

非飽和領域　37
フィルタ　131
負荷線　120
負荷抵抗　53
負帰還回路技術　103
負帰還型能動 RC フィルタ　144
複素表示　13
復調回路　164
フリーランニング周波数　162
分周回路　166
並列接続　107
閉路　5
ベース　32
ベース接地増幅回路　62
ベース接地電流増幅率　33
ベース広がり抵抗　48
変成器　124
変成比　124
変調指数　166
飽和領域　37
ボード線図　112
ホール　30

ま 行

ミラー効果　98
ミルマンの定理　171

や 行

容量　2
容量値　2

ら 行

利得帯域幅積　115
リングオシレータ　157

輪線　2

数字・欧字

α 遮断角周波数　96
2 次区間回路　137
2 次全域通過フィルタ　148
2 乗則　37
2 乗ループ回路　165
3 接地形式　52
Amplitude Modulation　164
AM 変調　164
A 級電力増幅回路　121
B 級電力増幅回路　121
CMOS NOT 回路　158
FM 変調　166
Frequency Modulation　166
GB 積　115
LCR フィルタ　132
LC シミュレーション型構成法　146
LC 発振回路　152
MOS トランジスタ　30
n チャネル MOS トランジスタ　35
Phase Modulation　167
Phase-Locked Loop　160
PM 変調　167
pn 接合ダイオード　30
p チャネル MOS トランジスタ　35
RC 発振回路　151
Sallen-Key フィルタ　141
Tow-Thomas バイカッドフィルタ　139
T フリップフロップ　166
VCO　158
Voltage-Controlled Oscillator　158

著者略歴

高木　茂孝（たかき　しげたか）

1986 年　東京工業大学大学院博士課程修了（工学博士）
　　　　東京工業大学工学部電子物理工学科助手
1990 年　東京工業大学理工学国際交流センター助教授
2002 年　東京工業大学大学院理工学研究科集積システム専攻教授
　　　　現在に至る

主要著書

MOS アナログ電子回路（昭晃堂，1998）
線形回路理論（昭晃堂，2000）
アナログ電子回路［初めて学ぶ人のために］（培風館，2008）
アナログ電子回路（編著，オーム社，2011）

電子・通信工学＝EKR-19
アナログ電子回路入門
2012 年 7 月 25 日 ⓒ　　　　　初 版 発 行

著者　高木茂孝　　　発行者　矢沢和俊
　　　　　　　　　　印刷者　中澤　眞
　　　　　　　　　　製本者　米良孝司

【発行】　　　株式会社　数理工学社
〒151-0051　東京都渋谷区千駄ヶ谷 1 丁目 3 番 25 号
編集 ☎(03)5474-8661(代)　　サイエンスビル

【発売】　　　株式会社　サイエンス社
〒151-0051　東京都渋谷区千駄ヶ谷 1 丁目 3 番 25 号
営業 ☎(03)5474-8500(代)　　振替 00170-7-2387
FAX ☎(03)5474-8900

組版　ビーカム
印刷　シナノ　　　　　　製本　ブックアート
《検印省略》

本書の内容を無断で複写複製することは，著作者および出版者の権利を侵害することがありますので，その場合にはあらかじめ小社あて許諾をお求め下さい．

ISBN978-4-901683-91-3
PRINTED IN JAPAN

サイエンス社・数理工学社のホームページのご案内
http://www.saiensu.co.jp
ご意見・ご要望は
suuri@saiensu.co.jp　まで